SUPERDICAS

PARA UM

TRABALHO DE CONCLUSÃO DE CURSO NOTA 10

RACHEL POLITO

SUPERDICAS PARA UM TRABALHO DE CONCLUSÃO DE CURSO NOTA 10

Benvirá

Coordenador da série Superdicas Reinaldo Polito
Coordenadora de produção editorial Luiza Thebas
Revisão Beatriz Simões
Projeto gráfico Deborah Mattos
Diagramação e capa Caio Cardoso
Impressão e acabamento Edições Loyola

Dados Internacionais de Catalogação na Publicação (CIP)
Angélica Ilacqua CRB-8/7057

Polito, Rachel
Superdicas para um trabalho de conclusão de curso nota 10 / Rachel Polito. – 2. ed. – São Paulo : Benvirá, 2018.
136 p. (Superdicas)

Bibliografia
ISBN 978-85-5717-208-1

1. Pesquisa – Metodologia 2. Redação técnica I. Título II. Série

CDD 001.42
18-0139 CDU 001.8

Índices para catálogo sistemático:
1. Pesquisa – Metodologia

2ª edição, abril de 2018

Av. das Nações Unidas, 7221, 1º Andar, Setor B
Pinheiros – São Paulo – SP – CEP: 05425-902

SAC
0800-0117875
De 2ª a 6ª, das 8h às 18h
www.editorasaraiva.com.br/contato

EDITAR 623828 CL 670758 CAE 626773

Ter orgulho do meu pai é uma
das minhas maiores alegrias.

Ao meu pai.

Meu espelho, meu caminho
e meu orgulho.

SUMÁRIO

APRESENTAÇÃO

A vida é uma sucessão contínua de oportunidades.

Gabriel García Márquez

Participar da Série Superdicas é uma ótima oportunidade de compartilhar com você informações que deram resultados extraordinários na orientação dos trabalhos de conclusão de curso que venho acompanhando ao longo do tempo. Por esse motivo, recebi com alegria o convite para escrever este livro.

As dicas publicadas aqui mostram o melhor caminho para facilitar a realização dos seus trabalhos, independentemente do curso que esteja frequentando ou do estágio de desenvolvimento que tenha atingido. Elas dizem respeito aos trabalhos de conclusão de curso de graduação, pós-graduação, mestrado e doutorado, mas, se você estiver nos primeiros períodos do curso de graduação, poderá se antecipar e aplicar as regras em todos os seus trabalhos universitários.

Leia todas as dicas com atenção. Concentre-se no que é desaconselhável e no que pode ser feito. Se você seguir as orientações deste livro e tiver interesse, boa vontade e disposição, terá condições de realizar trabalhos excelentes.

Eu incluí em cada dica tudo o que você poderá precisar, passo a passo, para realizar trabalhos corretos e de ótima qualidade. Todos os conceitos foram testados e confirmados na prática com muito sucesso. Foram inúmeras experiências bem-sucedidas com meus alunos até ter a honra de conquistar as mais importantes premiações nacionais como orientadora de alguns trabalhos inesquecíveis.

Ao elaborar esta obra, pensei nos momentos de angústia e dúvida pelos quais você poderia passar. Percebo essas inquietações em cada um de meus alunos e posso garantir, com toda a certeza, que a maior parte das suas aflições desaparecerá com a leitura deste livro e a ajuda do seu orientador.

Sempre tenha calma e procure a dica correspondente à sua dúvida. Ela estará lá, pronta para ajudá-lo.

Boa leitura e sucesso com seus trabalhos!

A autora

1 A QUEM SE DESTINA (UMA DICA DE OURO)

A polêmica é grande. E durará por tempo indeterminado. TCC, monografia, TGI, TGA... Qual é a definição correta?

Frente a essa discussão, é possível que você tenha a dúvida: a quem se destinam estas dicas? Se estou fazendo TGI, e este livro é para TCC, elas serão úteis? O que significa cada uma dessas nomenclaturas?

Vamos por partes. Cada curso utiliza a sua própria nomenclatura, e isso não significa certo ou errado. As faculdades ou universidades nem sempre aderem a um mesmo padrão, pois cada uma procura adotar a denominação que julga mais apropriada e aplicável em sua área.

No entanto, todas têm absolutamente o mesmo significado: o trabalho que deve ser realizado para a conclusão do curso. É por esse motivo que, neste livro, adotamos TCC (Trabalho de Conclusão de Curso).

Você verá, mais à frente, que o TCC pode ser dividido em três categorias: projeto experimental, estudo de caso ou monografia. Alguns cursos separam a monografia do TCC, deixando este nome apenas para designar o projeto experimental; outros utilizam a nomenclatura TGI (Trabalho de Graduação Interdisciplinar), para expressar todas as disciplinas vistas, ao longo dos quatro ou cinco anos de curso, que serão aproveitadas no trabalho final.

Apesar da diferença entre os termos utilizados, as regras são praticamente as mesmas, as dificuldades encontradas também, as dúvidas geradas são exatamente iguais em todos os trabalhos. Além disso, as lacunas encontradas nas regras são a principal causa das dúvidas, por isso elas também serão vistas aqui.

Não se preocupe e aproveite cada dica para fazer seu trabalho da maneira mais profissional possível. Tenha sempre a confiança de que, se houver disciplina, e com o esforço necessário, vai dar certo. E, como eu costumo garantir aos meus alunos, VAI DAR TEMPO. Boa sorte.

2 NORMAS DA ABNT

As regras de formatação e metodologia do trabalho são importantíssimas, mas, se não forem bem aplicadas, podem contribuir de maneira muito negativa com o seu TCC. Um trabalho bem realizado é perfeito nesse sentido.

Todos os cursos baseiam-se nas normas da ABNT (Associação Brasileira de Normas Técnicas), que valem para qualquer trabalho acadêmico. Portanto, quanto antes você se familiarizar com as regras, mais cedo conseguirá preparar todos os seus trabalhos.

As normas utilizadas são: a NBR 14724:2011, que traz as informações básicas do documento, e a NBR 10520:2002, que aborda as regras para citações. Todos os cursos fazem adaptações a essas regras, o que significa que é muito importante saber quais as adaptações do seu curso e ter sempre à mão um livro atual de metodologia.

Existem livros de metodologia que não só explicam as regras da ABNT, como também mostram como aplicá-las em programas de editoração de texto, para que o trabalho seja realizado com mais facilidade.

Apesar das constantes alterações, algumas regras são sempre as mesmas. Se você se acostumar a aplicá-las em todos os trabalhos acadêmicos que realizar, estará sempre preparado.

Antes dessas dicas específicas, vamos falar um pouco mais sobre a nomenclatura dos trabalhos. Muitas vezes, vários trabalhos são nomeados como teses, mas essa nomenclatura só pode ser utilizada para trabalhos que se destinam ao título de doutor. Trabalhos acadêmicos são de graduação ou especialização. E possuem as nomenclaturas TCC, TG e TGI, entre outras.

Saber o que todos os trabalhos devem conter, a ordem que deve ser considerada e sua formatação mínima é essencial para deixar mais leve essa fase de conclusão de curso.

3 ADAPTAÇÕES DA ABNT

Os trabalhos devem seguir um padrão, mas lembro aqui que as universidades fazem suas próprias adaptações das regras da ABNT - elas podem ser adequadas ao interesse dos cursos ou à quantidade de conteúdo. Porém, isso não significa que elas são modificadas, apenas que tudo o que não é definido nas regras pode ser interpretado de diferentes maneiras.

Segundo a ABNT, por exemplo, o espaçamento entre linhas deve ser 1,5. A regra de espaçamento para parágrafos ou tabulação inicial de parágrafos, por sua vez, não existe - o que existe é um consenso, entre os professores de metodologia, de que, se houver um espaço entre blocos (um espaço extra entre parágrafos), a leitura torna-se mais fácil.

Alguns estudiosos mais tradicionais acreditam que essa forma aumenta artificialmente o tamanho do trabalho e solicitam aos alunos que seja utilizada apenas uma tabulação no início dos parágrafos. Essa é a forma mais utilizada nos cursos de Direito, por exemplo.

Utilizar a entrelinha de 1,5 e a tabulação no início do parágrafo é considerado redundante para a maioria dos especialistas em metodologia, já que ambos indicam um novo início de parágrafo. Ainda assim, alguns cursos de pós-graduação fazem dessa forma.

É importante, acima de tudo, conhecer as regras próprias do seu curso. Sabendo que não existe variação nas regras da ABNT, e sim possibilidade de adaptação quanto às suas lacunas, consulte o seu orientador caso não encontre a regra para a sua dúvida.

Neste exato momento, você deve estar se perguntando: se devo conhecer as regras do meu curso, por que devo conhecer também as regras da ABNT?

A resposta é simples: as regras são sempre as mesmas; então, em qualquer curso, por mais que existam manuais próprios, eles nunca serão diferentes das normas, somente abordarão as suas lacunas.

4 ITENS BÁSICOS E CONTEÚDO OPCIONAL DE TODOS OS TRABALHOS

Veremos, a seguir, os itens básicos obrigatórios e opcionais que todos os trabalhos devem conter, segundo as normas da ABNT. Ao longo deste livro, as regras e os itens mais importantes, que requerem mais atenção – como errata, dedicatória e resumo –, serão explicados em dicas específicas. Os itens que necessitam de apenas algumas observações serão esclarecidos aqui. Abordaremos, também, os itens opcionais.

Os itens dos trabalhos acadêmicos devem seguir a seguinte ordem (NBR 14724):

- **Elementos pré-textuais:** capa (obrigatório), lombada (opcional), folha de rosto (obrigatório), errata (opcional), folha de aprovação (obrigatório), dedicatória(s) (opcional), agradecimento(s) (opcional), epígrafe (opcional), resumo em língua vernácula (obrigatório), resumo em língua estrangeira (obrigatório), lista de ilustrações (opcional), lista de tabelas (opcional), lista de abreviaturas e siglas (opcional), lista de símbolos (opcional), e sumário (obrigatório);

- **Elementos textuais:** introdução, desenvolvimento e conclusão;
- **Elementos pós-textuais:** referência (obrigatório), glossário (opcional), apêndice (opcional), anexo(s) (opcional), e índice(s) (opcional).

O desenvolvimento contém justificativa, objetivos, fundamentação teórica, *briefing*, pesquisa e plano de ações, ou o desenvolvimento exigido pelo seu orientador e pertinente à sua formação profissional. Pode ser dividido em capítulos, em seções ou em áreas distintas.

A epígrafe (componente opcional do TCC), segundo definição, é título, frase, poema, citação curta ou fragmento de texto, colocado no início do trabalho, que serve para indicar a motivação da obra.

Coloque em sua bibliografia, sempre em ordem alfabética de sobrenome, todos os livros e autores citados ao longo do trabalho. Nesse caso, também existe liberdade de escolha. Pode-se separar em bibliografia (o que foi utilizado no trabalho), referências bibliográficas (o que foi consultado, mas não utilizado diretamente) e webgrafia (referências consultadas na internet). Ou colocar apenas o título "Referências" e, dentro desse item, dividir em bibliografia e webgrafia. A escolha ocorre de acordo com o curso.

5 FORMATAÇÃO BÁSICA E CITAÇÃO SEGUNDO A ABNT

Formate o seu texto com o maior cuidado possível e não se esqueça de fazer uma revisão minuciosa quando chegar ao final. Preste muita atenção para manter a mesma formatação e a mesma fonte durante todo o texto. Lembre-se de que as referências de internet deverão ser citadas, em sua webgrafia, também de acordo com as normas da ABNT.

As citações constituem um quesito importante e requerem ainda mais prudência. Definir qual formato será utilizado – nota de rodapé ou modelo americano – e seguir esse mesmo padrão por todo o TCC é essencial para que o trabalho tenha uniformidade.

Os textos devem ser apresentados em papel branco. Hoje em dia, como a maioria dos trabalhos também é entregue no formato digital, essa regra pode ser quebrada pelos cursos, e o papel pode ser considerado parte do projeto gráfico desenvolvido pelo aluno.

O papel deve ter, invariavelmente, o formato A4 (21 cm × 29,7 cm). As margens de formatação esquerda e superior devem ser de 3 cm, e as margens direita e inferior, de 2 cm. A margem esquerda sempre é maior que a direita, pois considera o recuo necessário para a encadernação.

A fonte do texto deve ser no tamanho 12. O tipo mais utilizado é o Times New Roman, mas também se considera o Arial. O tamanho faz parte da regra, mas o tipo não é definido – trata-se de senso comum.

Todo o texto deve ser digitado com espaçamento de entrelinhas de 1,5, exceto as citações com mais de três linhas, que necessitam de uma fonte menor e de entrelinha simples, além de um recuo de 4 cm a partir da margem esquerda. Entre os títulos e os textos aconselha-se considerar duas entrelinhas de 1,5.

A numeração se inicia somente na Introdução; no entanto, as páginas anteriores também são consideradas na contagem de páginas. Os anexos não devem ser numerados na titulação, mas devem conter número de página.

6 A MELHOR FORMA DE TRABALHO É A MONOGRAFIA?

Tão importante quanto escolher o tema do TCC é decidir o tipo de trabalho a ser realizado. Para fazer a melhor opção, é preciso conhecer as principais características e as exigências de cada um deles. Após essa avaliação, você perceberá qual formato o deixará mais à vontade para realizar seu TCC.

Vamos começar pela monografia, um trabalho de conclusão de curso desenvolvido a partir de um tema relevante para a área em que você está se formando. Ela requer um vasto levantamento bibliográfico e pesquisa aprofundada. O texto terá base científica e exigirá que você se torne um especialista no assunto objeto do estudo.

Na monografia, não existe a figura do cliente, mas um assunto a ser abordado em profundidade. Esse tipo de trabalho exigirá muita leitura, pois a pesquisa bibliográfica será a principal fonte de informações e o meio que permitirá a confrontação de ideias e de opiniões dos mais diferentes autores, para que você comprove a teoria que resolveu defender. Essa sustentação teórica será essencial para a realização de um TCC de qualidade.

O tema deve ser bem focado – como a monografia exige que o assunto seja tratado com profundidade, em tempo relativamente curto, quanto mais amplo for o tema, mais superficiais serão as informações e pior será o resultado. Verifique se há bibliografia suficiente para uma boa pesquisa sobre o assunto que escolheu ou que pelo menos lhe permita comprovar sua teoria.

A monografia exige uma boa habilidade de desenvolvimento de texto e argumentação.

7 A MELHOR FORMA DE TRABALHO É O PROJETO EXPERIMENTAL?

Alguns cursos exigem uma monografia e um projeto experimental ou estudo de caso. Outros oferecem a possibilidade de escolher um desses três tipos de trabalho. Há instituições que consideram o TCC um projeto experimental. Aqui, consideraremos o projeto experimental uma das possibilidades de trabalho de conclusão de curso.

Trata-se da forma de TCC mais prática e próxima da realidade. Nesse tipo de trabalho, é necessário haver um cliente real, aquele com o qual você se identifica e que aceita o desenvolvimento de um plano completo, com ações e sugestões pertinentes à sua área de formação.

Para que esse plano seja desenvolvido dentro da realidade do mercado e de acordo com a área de atuação da empresa, utilizando os conhecimentos que você adquiriu em sua formação acadêmica, é necessário ter acesso a informações relevantes do cliente, como estrutura organizacional, concorrência e número de funcionários. Após o levantamento desses dados, você fará uma análise profunda das necessidades e falhas da organização. Cuidado, pois é imprescindível analisar as prováveis falhas da organização, e, se você sentir que não terá essa liberdade, procure outro cliente.

De posse dessas informações, com o apoio de uma pesquisa orientada especificamente para esse trabalho e um levantamento bibliográfico criterioso, você estará apto a desenvolver o projeto completo para o cliente, com a possibilidade de sugerir ações que contribuam para atender às necessidades identificadas na empresa analisada.

Esse tipo de trabalho prepara você para a realidade do mercado, pois possibilita a combinação da teoria com a prática, ao mesmo tempo que lhe dá a chance de explorar ao máximo sua capacidade.

8 A MELHOR FORMA DE TRABALHO É O ESTUDO DE CASO?

No estudo de caso, um projeto já existente é analisado - pode ser um caso de sucesso ou de fracasso. Nesse tipo de trabalho, você deve expandir seu conhecimento a partir de uma experiência prévia e de pesquisas realizadas.

O estudo de caso não deixa de ser uma ferramenta exploratória, pois é necessário ter acesso a todos os dados sobre o caso e, muitas vezes, realizar pesquisas para aprofundar o conteúdo das informações. O levantamento bibliográfico é essencial para mostrar a relevância do tema.

Comece definindo as questões que serão pesquisadas e levantadas. A seguir, decida quais técnicas utilizará para explorar o caso e como fará a coleta de dados (bibliográfica e pesquisa). Depois que os dados forem coletados, realize a análise, com uma discussão aprofundada.

Nessa análise, você levará em conta toda a bibliografia consultada, os resultados da pesquisa e os dados levantados previamente. Você deve manter uma boa argumentação para que o estudo não seja confundido com um projeto experimental mal realizado.

Na conclusão, você poderá sugerir ações futuras, mostrar como o fracasso poderia ter sido evitado ou indicar como o seu sucesso poderia ter sido ainda maior. Poderá, ainda, analisar as causas do resultado vitorioso e identificar os pontos-chave que permeiam um caso de sucesso.

O estudo de caso é uma das formas mais difíceis de desenvolvimento de TCC, pois precisa ser muitíssimo bem realizado para ser reconhecido como um bom trabalho.

9 A ESCOLHA DO TEMA

A escolha do tema é o primeiro e o mais importante passo para que o trabalho ocorra sem dificuldades. Geralmente, não se perde muito tempo com isso. Destina-se a maior parte do tempo para a formação de um grupo ou a decisão de realizar o trabalho de maneira individual.

A definição do grupo é um fator determinante. Deve-se ter em mente que amigos e trabalhos nem sempre combinam. Pense que, em algum momento, poderá ocorrer divergência, então, prefira realizar o seu trabalho com pessoas que você sabe que realmente se envolverão. Nem sempre seus melhores amigos serão seus melhores companheiros de trabalho.

Se a escolha do tema é bem-feita, o trabalho acontece de maneira suave, sem obstáculos, e o seu desenvolvimento passa a ser bem mais agradável. Parece óbvio, mas muitos pensam em assuntos mirabolantes, temas espetaculares, e se desviam da aplicabilidade do tema e de como conseguirão todas as informações necessárias. Em alguns casos, é mais fácil desistir de um trabalho devido à dificuldade de obtê-las.

Lembre-se de que, se você estiver interessado pelo assunto que desenvolverá, o trabalho ocorrerá de maneira mais tranquila. Muitas vezes, ficamos horas pensando em um tema genial e nos esquecemos de que não existe a menor relação entre esse tema e a área de estudo em que estamos inseridos.

Analisar esses fatores com muita calma e frieza é fundamental para que o percurso a ser percorrido seja simples e indolor, de modo que a conclusão do seu trabalho seja satisfatória, sem muitos percalços ao longo do caminho.

10 A ESCOLHA DO TEMA: INTERESSE PELO ASSUNTO E RELEVÂNCIA

Ter grande interesse pelo assunto é a melhor motivação para realizar um excelente trabalho. Pense em um tema de que você sempre gostou, que sempre pesquisou ou sobre o qual sempre quis saber mais a respeito.

Não importa que ele pareça banal. Analise se há a possibilidade de realizar um trabalho completo acerca do assunto de que você mais gosta, se há meios de pesquisa e bibliografia suficientes.

Pode ser aquele assunto que você domina e de que gosta desde criança, o seu time do coração, a sua paixão por esportes, por moda, por aviões... Procure uma identificação do tema com a sua área e siga em frente. Muitas vezes, os professores, os leitores e até mesmo você podem se surpreender com um excelente trabalho gerado com base no seu assunto predileto.

Mas atenção: não insista em um tema pelo simples fato de gostar dele. Não se esqueça de que é essencial ele ser relevante para o seu curso. Se não houver ligação com sua área de formação, seu trabalho pode não ser representativo e não ter significado algum.

Se a sua paixão, por exemplo, é analisar a construção de ônibus espaciais, dificilmente esse tema se encaixará em um curso de Comunicação Social. No entanto, avalie a possibilidade de adaptá-lo ao seu curso, como, por exemplo, analisar todo o processo de comunicação dos engenheiros que constroem os ônibus.

Converse com o seu orientador e escute o que ele tem a dizer. Ele saberá guiá-lo para um tema que o faça desenvolver o seu trabalho com mais paixão.

11 A ESCOLHA DO TEMA: FACILIDADE EM OBTER INFORMAÇÕES

Analisar se você terá facilidade em obter informações sobre o assunto é fundamental. Não adianta escolher uma supermultinacional como objeto de estudo se você não possuir nenhum contato dentro da empresa e souber que será barrado pela primeira secretária com quem tentará entrar em contato.

A primeira intenção é sempre realizar um trabalho para a maior empresa de *software* ou para a maior empresa de refrigerantes do mundo. No entanto, pense que, como você, milhares de outros alunos têm a mesma ideia e querem realizar esse trabalho. Analise qual a real possibilidade de você conseguir fácil acesso às informações dessas empresas, qual o interesse que a empresa terá em seu trabalho e de que maneira ela espera que você contribua com o desenvolvimento dela.

Os melhores trabalhos são realizados sobre temas próximos à realidade do aluno. Pense nas ocupações da sua família, dos amigos, dos amigos dos amigos e identifique quais os melhores contatos que você possui e quais têm a melhor relação com o assunto escolhido e com a área de sua formação. Estude a possibilidade de desenvolver um trabalho que, no futuro, possa ser realmente aplicado e traga benefícios não só para quem cedeu as informações, mas também para você, já que se empenhou para executá-lo.

Não esqueça: *networking* (relacionamento) é a ferramenta do momento e do futuro. Portanto, crie uma rede de amigos e a "alimente". Mantenha contato com todas as pessoas que você conhece! Elas poderão ajudá-lo não só no seu trabalho de conclusão de curso, como também durante toda a sua vida profissional.

Troque *e-mails*, telefones e, desde já, ajude seus amigos nos TCCs deles. Você não terá nada a perder e, num futuro bem próximo, fará uso desse relacionamento construído.

12 DEFINIÇÃO DOS OBJETIVOS

A definição dos objetivos é um dos pontos de partida, após a definição do tema, para o início de qualquer trabalho - principalmente um trabalho de conclusão de curso. Saber aonde você pretende chegar é o primeiro passo para construir um trabalho com foco e não se perder no meio do caminho.

Por mais que alguns dos seus objetivos se alterem com o tempo, pense cuidadosamente em todos os pontos que deseja atingir. Defina criteriosamente seus objetivos gerais e específicos e atente para o fato de que, ao final, você precisará atingi-los ou explicar por que não foram alcançados.

Portanto, não se entusiasme demais, para não criar uma lista muito grande e inviável. Tenha em mente que, se não tomar esse cuidado, depois será praticamente impossível atingir todos os objetivos.

Existem dúvidas sobre a diferença entre objetivos gerais e específicos ou principais e secundários. Deve-se levar em consideração que os primeiros consideram o foco principal do TCC, são a linha-guia do trabalho. Já os secundários são todos aqueles que derivam da ideia principal.

À medida que for desenvolvendo o seu trabalho, analise se os objetivos ainda permanecem dentro do foco inicial, verifique a viabilidade de atingi-los e ajuste o texto às suas intenções.

Muito cuidado para não confundir os objetivos com ações que fazem parte de um projeto experimental. As ações, como o próprio nome diz, são ferramentas que, colocadas em prática, servirão para atingir os objetivos iniciais.

Após desenvolver toda a parte teórica do trabalho, reveja os objetivos para verificar o alinhamento do seu TCC.

13 DESENVOLVIMENTO LÓGICO DO TRABALHO

Um bom início para o desenvolvimento de seu trabalho é imaginar como ele será realizado até o final. Antes de começar a escrever os textos, vislumbre como será o seu sumário. Considere todos os pontos que você deseja abordar. Por mais que esse sumário seja alterado, ele será o seu fio condutor e você terá um raciocínio lógico a seguir.

Pense em tudo o que não poderá faltar. Não se preocupe, o primeiro sumário tende a ficar muito grande, com assuntos que serão excluídos ao longo do caminho e outros que serão incluídos. Esse primeiro rascunho servirá apenas como base para que você não tenha a intenção de preparar um trabalho de Física e acabe realizando um de Lógica.

Com essa preocupação inicial, você terá a possibilidade de delimitar os temas, direcionar o sentido da sua pesquisa e definir qual o melhor momento para a confrontação dos dados e das ideias. Dessa forma, poderá ou não aprofundar sua pesquisa de campo ou bibliográfica, se sentir que ainda não tem informações suficientes.

Estudar toda a metodologia do trabalho também faz parte desse desenvolvimento lógico. Alguns cursos exigem que a metodologia seja incluída no corpo do TCC, e isso significa explicar, passo a passo, o que será realizado. Se você tiver pensado em um sumário prévio e possuir uma visão geral do seu trabalho, conseguirá desenvolver a metodologia com mais facilidade. Uma espécie de linha do tempo também pode ajudar.

Depois desses passos, pense em rascunhar sua conclusão. Evidentemente, esse rascunho será refeito e é provável que seja modificado. No entanto, todos nós sabemos aonde queremos chegar quando iniciamos um trabalho. Assim, fica mais fácil pesquisar o que será preciso para confirmar suas hipóteses, mesmo que, ao final de tudo, você chegue à conclusão de que todas elas serão refutadas.

14 JUSTIFICATIVA

Definidos o tema e a modalidade do seu trabalho, é necessário justificá-lo. É o momento de mostrar por que é importante desenvolver o tema escolhido. Não adianta decidir trabalhar um TCC de culinária no curso de Direito, a não ser que o seu tema seja especificamente o direito do consumidor e seus direitos legais nos restaurantes de São Paulo, por exemplo.

Mostrar a importância do tema escolhido e a relevância para sua formação é essencial para que o seu TCC possa ser desenvolvido da maneira mais lógica possível, e para que seu orientador possa guiá-lo pelo caminho certo.

Você deve mostrar quais ferramentas desenvolvidas na teoria, durante sua formação, poderão ajudar na realização do seu trabalho e de que maneira um profissional, por exemplo, de Educação Física, pode contribuir no estudo postural da formação humana, ou como um profissional de Relações Públicas pode contribuir num projeto de comunicação interna para uma transportadora de valores. Ao desenvolver esse texto, é preciso deixar claro que o tema escolhido contribuirá para a finalização da sua formação universitária.

A justificativa será o primeiro texto em seu trabalho. Não se esqueça de que opiniões pessoais devem ser deixadas de lado e flexões verbais como primeira pessoa do singular e do plural nunca devem ser utilizadas - nem nesse momento, nem em momento algum do TCC.

Esse texto será importante para definir sua linha de pesquisa bibliográfica, pois, ao descrever as ferramentas da sua profissão que podem contribuir para o tema, você poderá identificar os assuntos que deverão ser pesquisados para o desenvolvimento de um trabalho coerente.

15 INTRODUÇÃO: O QUÊ? E POR QUÊ?

A introdução é um dos momentos mais importantes do desenvolvimento do trabalho. Nessa etapa, você deve ser capaz de conquistar os seus leitores (professores, julgadores e leitores futuros). Você introduzirá o assunto, que significa iniciar a redação sobre o seu tema e discorrer sobre tudo o que será tratado ao longo do trabalho.

Ok, mas como desenvolver essa etapa?

Em primeiro lugar, deve-se escrever sobre o tema, fazendo uma relação entre o assunto e seu curso. Se o seu trabalho for um projeto experimental, por exemplo, não significa que você falará sobre o cliente - aqui, será desenvolvido apenas o tema principal.

Depois disso, sem grande aprofundamento - pois você terá a oportunidade de desenvolver tudo o que quiser na fundamentação teórica –, deve-se escrever um parágrafo sobre cada capítulo que será apresentado ao longo do trabalho. Nesses parágrafos, o leitor terá a noção de quais assuntos serão estudados e entenderá a relevância deles no seu TCC. Você deve, portanto, se imaginar fornecendo um panorama do trabalho ao seu leitor, e, após essa visão geral da fundamentação, deve-se falar, também, sobre a pesquisa de campo realizada.

A introdução só pode ser concluída depois que o trabalho é totalmente finalizado, pois é preciso que ele esteja completamente ordenado. Comece a pensar nela desde o início, mas lembre que sua finalização será uma das últimas etapas do seu trabalho de conclusão de curso.

16 ANÁLISE DO CLIENTE É UM ESTUDO NECESSÁRIO PARA O PROJETO?

Se o seu trabalho for um projeto experimental ou um estudo de caso, há necessidade de realizar três tipos de pesquisas profundas: a pesquisa bibliográfica (veja as dicas 18 e 19) - que se transformará em fundamentação teórica -, a pesquisa de campo (veja a dica 22) e a pesquisa do cliente.

Não é possível analisar um projeto ou desenvolver ações para um cliente se você não o conhece com profundidade. Antes de iniciar as leituras para o desenvolvimento do texto teórico, deve-se conhecer o cliente com profundidade. Vamos analisar alguns tópicos que podem ajudá-lo nessa pesquisa tão complexa.

Primeiro, conheça o histórico do cliente. Quando, onde e por que foi fundado. Qual a sua missão, a sua visão e os seus valores - se a empresa não possui esses valores organizacionais descritos, não tente criá-los nesse momento. É preciso, antes, desenvolver o seu projeto para chegar a esse ponto. Isso já pode ser identificado como uma falha da empresa.

Analise, também, os objetivos da empresa e sua estrutura. O organograma e a política de organização são muito importantes. Conheça com profundidade os principais clientes, concorrentes e fornecedores.

Após realizar essa pesquisa, é preciso empreender uma análise profunda do mercado e uma análise de como a empresa está inserida nele. Verifique a situação financeira e a posição no mercado.

Definir os departamentos da empresa e analisar suas falhas também é importante - sem essa avaliação, não é possível desenvolver um bom trabalho. Mas cuidado para que essa etapa não se transforme em um livro. Se o seu trabalho é sobre Finanças, a área que deve ser estudada com profundidade é a financeira; se for Direito, o departamento legal é o que deve ser analisado; e assim por diante.

17 CENÁRIOS: O QUE SÃO E COMO ANALISÁ-LOS PARA O PROJETO

Para realizar o estudo completo do cliente, é necessária uma análise dos cenários em que está inserido. Não interessa se a sua formação será em exatas, humanas ou qualquer outra área; essa fase requer um bom desenvolvimento para o bom andamento do seu TCC.

Os cenários podem ser divididos em: tecnológico, econômico, político, ambiental e sociocultural. Devem-se considerar informações do mercado que causam influência no comportamento das empresas.

Assim como não é preciso analisar detalhadamente todas as áreas da empresa, não existe a necessidade de estudar todos os cenários. Deve-se definir quais são mais relevantes para o cliente e para o tema do TCC (três é um bom número) e coletar dados e notícias relevantes sobre o mercado. Lembre-se: as informações desse texto devem ser do mercado, não da empresa – sempre do ambiente externo.

A partir daí, pode-se desenvolver uma análise SWOT (*Strengths, Weaknesses, Opportunities* and *Threats*) – ou, em português, PFOA (Potencialidades,

Fragilidades, Oportunidades e Ameaças) –, para que as informações dos cenários, divididas em oportunidades e ameaças, sejam relacionadas com as informações da empresa – potencialidades e fragilidades.

É preciso saber que, em uma matriz PFOA, nos quadrantes superiores (PF), só constam informações da empresa (ambiente interno), e, nos quadrantes inferiores (OA), apenas informações do mercado (ambiente externo).

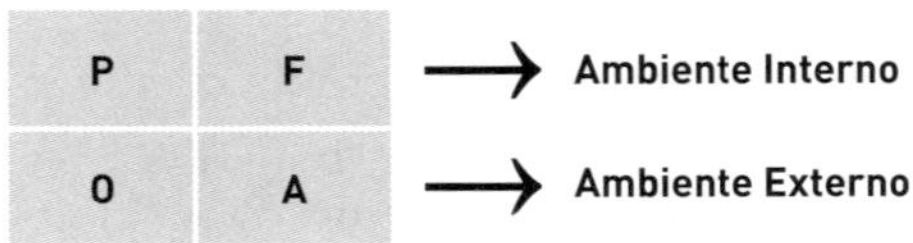

18 PESQUISA BIBLIOGRÁFICA

A pesquisa bibliográfica é um dos pontos-chave de qualquer TCC. Escolher com seriedade quais autores utilizar como referência é essencial para que, ao concluir seus estudos, eles possam também se tornar uma referência.

Há inúmeros autores sérios e respeitados que poderão dar peso e sustentação às suas argumentações. Entretanto, também há outros que não merecem crédito por falta de respaldo técnico ou acadêmico – suas ideias não são vistas como teorias que podem ser levadas em consideração.

Consulte seu orientador a respeito de todos os livros os quais você tem intenção de utilizar, pesquise profundamente sobre os assuntos que você deseja tratar e não escolha apenas um autor por assunto. Para que o seu trabalho seja respeitado, deve ser embasado por vários autores, que afirmem ou refutem sua ideia. Não seja negligente; passe algumas horas na biblioteca, visite as livrarias, consulte todos os seus livros e verifique as obras que você acredita terem relação com o seu tema.

Lembre-se de todas as disciplinas pelas quais já passou e analise as mais relevantes para o seu tema. Procure os professores dessas disciplinas e pergunte a eles quais bibliografias estão utilizando.

Pesquise também a bibliografia internacional e saiba o que autores de outros países têm a dizer. Não dê a desculpa de que você tem dificuldade com outras línguas – a maioria dos autores renomados tem suas obras traduzidas para o português.

Verificar *sites* de grandes livrarias também é um bom caminho, pois, na maioria das vezes, os livros estão separados por assunto, e os *sites* oferecem uma sinopse de cada obra.

19 DESENVOLVIMENTO DA FUNDAMENTAÇÃO TEÓRICA

Chegou a hora de colocar a mão na massa. É o momento de começar a escrever seus textos.

Os capítulos de fundamentação teórica, como a própria expressão já diz, servem para fundamentar teoricamente o seu trabalho. Você inserirá as ideias dos autores pesquisados, confrontará as teorias e direcionará os caminhos para refutar ou não as hipóteses levantadas.

Uma boa fundamentação teórica depende de autores renomados. Para cada assunto, você deve pesquisar, no mínimo, dois autores diferentes – assim, não tomará as ideias de um deles como verdade absoluta.

Um fator importante que se deve levar em consideração é que você não pode expressar sua opinião aqui. Guarde-a para o momento em que será possível ter um pouco mais de liberdade.

Aqui, o que importa são as opiniões dos autores que se relacionam ou não com suas teorias e comprovam ou refutam suas hipóteses. O que contará mesmo será a maneira como você conseguirá fazer a relação entre os autores pesquisados.

Cuidado para não utilizar apenas dados da internet. Algumas instituições nem sequer consideram válidas essas informações. Portanto, fundamente o seu trabalho com autores de renome.

Não existe capítulo de fundamentação teórica sem citação e sem referências à bibliografia (consulte os livros de metodologia e as regras da ABNT para conhecer os padrões de citação). É preciso que você identifique as ideias mais relevantes dos autores para o seu tema e as transcreva em seu trabalho. A partir daí, pode iniciar as relações, as análises e a confrontação de ideias.

20 CUIDADO COM O PLÁGIO!

Com o avanço da tecnologia e a facilidade das pesquisas via internet, o número de plágios também aumentou consideravelmente. Com isso, as correções tornaram-se mais rigorosas, e os professores, cada vez mais severos.

Plágio é apresentar um trabalho ou uma obra intelectual ou artística feita por outras pessoas como se fosse de sua própria autoria. Portanto, qualquer linha redigida que não seja sua e que esteja em seu trabalho sem a devida referência é caracterizada como plágio e pode levá-lo à reprovação. Em alguns casos, a punição pode ser até mais implacável.

Se copiar informações de qualquer fonte é plágio, copiar livros e não citar a fonte é crime. Não pense que apenas informações retiradas da internet sem a citação da fonte são consideradas plágio. Copiar trabalhos de outras faculdades está se tornando lugar-comum, e os professores já estão atentos a isso. Utilizar informações de trabalhos de colegas também é uma infração.

A pesquisa por autores e informações foi incentivada em muitas das dicas anteriores e, tenho certeza, também é sugerida por seu orientador. No entanto, a fonte de qualquer informação utilizada deve ser mencionada. Previna-se, valendo-se das normas de citação e não copie trabalhos prontos, nem seus, nem de seus amigos.

Aprenda a usar referências e trabalhe com ética em seu TCC, levando esse ensinamento para sua vida pessoal e profissional. Produza o seu próprio texto, com suas características. Depois de pronto, o seu TCC passará a ser referência para os próximos alunos. Todo cuidado é pouco.

Você não gostaria que alguém consultasse o seu trabalho e o copiasse sem citá-lo, gostaria? Afinal, você gastou tempo desenvolvendo seu raciocínio para chegar ao conteúdo de seu TCC.

21 *LINKS* ENTRE CAPÍTULOS

Ao desenvolver sua fundamentação teórica, você deve considerar que o trabalho precisa de um fio condutor – seguir uma linha de raciocínio é essencial. Por isso, é importante, ao final de cada capítulo, criar um *link* para o capítulo seguinte, mostrando a relação que existe em todo o trabalho, para que o leitor não se perca e entenda o encadeamento do texto.

Criar esse *link* entre um capítulo e outro ajuda muito a leitura e leva o trabalho a uma conclusão mais fácil. Sem esse cuidado, o TCC fica com a redação truncada e demonstra despreparo, chegando a parecer uma "colcha de retalhos".

Se você conseguir montar os *links* com facilidade, saberá que está no caminho certo. Mas, se tiver dificuldades, perceberá que existe alguma falha no meio do caminho e poderá descobrir outras pesquisas que devam ser feitas para que o seu trabalho se torne completo.

É nesse momento que se "tece" o trabalho, e você poderá notar a forma que ele começa a tomar.

Coloque seus capítulos em ordem, defina sua importância e precedência e, após a conclusão de cada um, prepare o elo entre eles. Você perceberá o seu trabalho tomando forma e terá mais vontade de concluir seu TCC.

Para preparar esse elo, escreva um ou dois parágrafos ao final de cada capítulo, relacionando o tema tratado com o tema que vem a seguir. Faça uma comparação entre o que foi visto e o assunto que será estudado adiante. Mostre que um é essencial para o outro e aponte a relevância dos dois para o seu tema.

Demonstrar que tudo o que está sendo escrito e estudado não pode ser deixado de lado e não está sendo colocado ali apenas por questão estética é importante para que o leitor e o examinador percebam a sua linha de raciocínio.

22 PESQUISA DE CAMPO

Ao mesmo tempo que realiza uma pesquisa bibliográfica aprofundada, você deve desenvolver sua pesquisa de campo. Será necessário definir o problema e fazer o levantamento das hipóteses, favoráveis e desfavoráveis; assim, você poderá dar foco à pesquisa.

A partir da análise dos dados coletados e do problema levantado, você definirá, em conjunto com o seu orientador e com um orientador específico de pesquisa (na maioria dos casos), a melhor forma para seu TCC: um estudo exploratório ou descritivo, com abordagem quantitativa ou qualitativa.

Não escolha a pesquisa quantitativa apenas pela maior facilidade de tabulação das respostas, já que são perguntas de múltipla escolha. Identifique a melhor opção para chegar aos seus objetivos. Nesse momento, você também definirá a técnica de coleta de dados e terá objetivos específicos da pesquisa a atingir, primários e secundários.

A pesquisa é um aspecto tão importante de seu trabalho de conclusão de curso que acaba se tornando um projeto dentro dele. Não descuide dessas informações. Aplique a pesquisa com realidade, faça a tabulação e analise os dados com seriedade – eles serão essenciais para a continuação e a conclusão do seu trabalho. Uma pesquisa malfeita destrói a qualidade de qualquer TCC.

Com os dados obtidos, analisados e transformados em informação, você terá como comprovar suas teorias ou até refutar o que pensava ser viável.

23 DIAGNÓSTICO E PROGNÓSTICO

A primeira fase foi concluída. Um alívio, pois foi dado um grande passo. A pesquisa bibliográfica foi finalizada; a de campo, aplicada, tabulada e analisada; o cliente, estudado com profundidade. E agora? O que fazer com todas as informações coletadas?

Não adianta realizar uma pesquisa tão bem-feita e não saber como compilar os dados ou como utilizá-los. Para que um projeto possa ser desenvolvido, é necessário realizar, antes, uma análise e um levantamento detalhado dos fatos detectados.

É importante perceber que, aqui, não será feita apenas uma análise da pesquisa, e sim um levantamento de todos os possíveis problemas ou oportunidades identificados após a análise do cliente, a pesquisa bibliográfica (fundamentação teórica) e a pesquisa de campo. Com a compilação de informações, é possível direcionar a finalização do seu projeto para o rumo certo.

Atenção: é no diagnóstico que se analisam as causas. Os efeitos serão discutidos no prognóstico.

Vamos imaginar que você vá ao médico por sentir dor de cabeça. Ao examiná-lo, o médico dirá que você tem um problema de visão.

A definição do seu problema é o diagnóstico. Ao dizer o que você deverá fazer - ir a um oftalmologista, pois a dor vai piorar se você não consultar um especialista -, já não se trata do diagnóstico, mas do prognóstico. O médico está dizendo o que deve ser feito e o que pode ocorrer se você não tomar nenhuma atitude.

Perceba que o médico não está recomendando a utilização dos óculos - esse já seria um plano de ações. Ele apenas está indicando que seja consultado um especialista para que o problema não se agrave.

O diagnóstico, portanto, compila os dados - problemas e oportunidades -, e o prognóstico, a partir dessa compilação, define os caminhos indicados para que se possa chegar ao plano de ações.

24 AÇÕES: UMA PARTE DO PROJETO

Com a definição de que o projeto será realizado, chegou a parte mais esperada. Hora de colocar as ideias no papel, fazer valer a criatividade, mostrar que todo o estudo teórico não foi desenvolvido em vão.

Em primeiro lugar, é preciso decidir para que público será desenvolvido o projeto e como será o fio condutor desse planejamento de ações. Feito isso, teremos mais um pouco de texto - imagino que, nesse momento, você já não aguente mais escrever, mas garanto que falta pouco, e seu trabalho será recompensado. Esse texto explica a linha-guia do planejamento de ações - indica como serão desenvolvidas, para qual propósito e para qual público.

Agora, é hora de analisar todos os itens levantados no diagnóstico, identificando se existe possibilidade de desenvolver ações para corrigir os problemas ou aproveitar todas as oportunidades. Com isso, chegou o momento de categorizar as ações. Quando você ou seu grupo estiver com uma lista pronta das ações que poderão ser desenvolvidas, será preciso dividi-las por programa.

Como essa divisão deve ser feita? A definição ocorre de acordo com a conveniência do grupo, do tema ou seu interesse. Os programas podem ser divididos por público, por assunto (programa de sustentabilidade, por exemplo) ou por qualquer outra característica de similaridade que possa surgir.

Atenção: nem toda ação necessariamente faz parte de um programa. A divisão em programas serve para facilitar, não para dificultar o planejamento de ações. Os programas, geralmente, possuem o mesmo objetivo e justificativa de todas as ações que dele fazem parte.

25 O QUE CADA AÇÃO DEVE CONTER?

Quando desenvolver uma ação, saiba que é importante situar o leitor acerca do que e de como será aplicado. Em primeiro lugar, é importante definir o objetivo da ação - a não ser que seja o mesmo das outras ações e que faça parte de um programa.

Em seguida, deve-se justificar a importância daquela ação, a sua relevância, para que ela servirá. Sabemos que nenhuma empresa faz investimento algum sem conhecer o retorno ou ao menos uma justificativa do investimento.

É necessário, também, definir a estratégia e a tática a serem aplicadas. Estratégia é o que fazer (geralmente, a própria ação), e tática, como será feito. Você explicará, passo a passo, como a ação será desenvolvida e tudo o que será necessário para sua aplicação.

Esclarecer para qual público a ação será aplicada é importante para situar seu cliente, seu orientador, sua banca e seus leitores. Evidentemente, há necessidade de explicitar todos os recursos necessários - físicos e humanos.

Após todo esse desenvolvimento, é preciso, como em um mercado real, realizar mais de um orçamento para cada ação. Assim é possível definir a melhor forma e o melhor custo-benefício.

Deve-se apontar o formato da avaliação de desempenho da ação. Como provar para o seu cliente que a ação proposta teve ou terá um bom resultado? O que pode ser feito, depois da sua aplicação, para que seja possível analisar o desempenho? Muitas vezes, uma pesquisa é a melhor solução.

26 CRONOGRAMA, DIMENSIONAMENTO E ORÇAMENTO

Provar a viabilidade de um plano de ações é uma fase muito importante de um projeto. Fazer um cronograma geral, com um dimensionamento, e levantar um orçamento geral de todo o projeto são aspectos necessários.

No mercado real, nenhum projeto é aprovado ou se torna viável se todas as ações forem aplicadas ao mesmo tempo. Uma empresa precisa dimensionar custo e pessoal para saber as prioridades e analisar a melhor época para aplicar cada ação, considerando sempre um planejamento anual.

Se existem, por exemplo, cinco programas e um total de doze ações, isso não significa que deva ser implantada uma ação por mês. É necessário analisar qual a primeira ação a ser implantada para que as outras possam funcionar. Quanto tempo é necessário para a implantação, quanto será gasto (ou investido) e quando será possível aplicar a próxima ação.

O cronograma deve ser feito na ordem em que as ações serão implantadas, independentemente da ordem do planejamento apresentado. Depois de organizado, ele deve ser dividido em curto, médio e longo prazos, para que seja definido o dimensionamento das ações. Ações a serem implantadas no primeiro quadrimestre do planejamento, por exemplo, são de curto prazo; no segundo, de médio prazo; e, no terceiro, de longo prazo.

É preciso colocar em uma única tabela todas as ações programadas e, ao final, decidir se recomendará a contratação de um profissional da área para que o projeto seja aplicado ou se haverá um custo do projeto no orçamento. Lembre-se de que, quando apresentar o seu projeto, seu orçamento é uma recomendação de investimento, não um custo gerado para a empresa.

27 NÃO É PROJETO, É MONOGRAFIA. E AGORA?

Você deve estar pensando: com todas essas dicas de ações e cronogramas, o que eu devo fazer se escolhi ou se só posso fazer uma monografia? Que caminho devo seguir? Será que meu trabalho não terá muito valor?

Nada disso. Não pense que seu trabalho ficará "mais pobre" ou "menos colorido" por ser um trabalho teórico. A monografia é uma das formas mais elaboradas de TCC. Em muitos cursos, é a única opção que o aluno tem.

Depois de verificar se existe bibliografia suficiente sobre o assunto e se o objeto de estudo permite um bom aprofundamento, é hora de definir as bases para que seu desenvolvimento não se perca ao longo do caminho. Pense no que o levou a escolher esse assunto. Uma boa sugestão para a construção do pensamento do trabalho é criar uma linha do tempo, analisando o que precisa ser estudado para que se aprofunde no tema.

Definir um histórico inicial, verificar quais autores tratam do assunto de uma forma positiva ou negativa e escolher mais alguns autores que tratem dos assuntos específicos a serem abordados são atitudes que ajudarão você a não ficar perdido em um mar de leituras, consultando apenas aqueles que adotam o mesmo ponto de vista, sem que tenha os pontos contrários para analisar.

Selecione, desde o início, três ou quatro autores básicos para o seu tema que não possuam o mesmo ponto de vista. Assim que definir os temas específicos de estudos, escolha mais dois autores para cada um, para que não haja uma quantidade muito grande de leitura e pouco desenvolvimento intelectual.

28 PREOCUPAÇÃO COM A PARTE VISUAL

Verifique com o seu orientador quais as regras para a encadernação e a produção gráfica/visual do seu TCC. Alguns cursos são bem rígidos quanto a essas regras, enquanto outros permitem aos alunos usar a criatividade e consideram esse fator parte da avaliação.

Cada curso possui uma cor de encadernação, e, geralmente, essas regras são seguidas para que os trabalhos tenham o aspecto de trabalhos de conclusão de curso. Isso não impede que você crie uma identidade visual para o seu tema e o seu trabalho. Criar uma marca e definir um cabeçalho específico e um rodapé diferenciado são preocupações especiais com o trabalho em desenvolvimento.

Como a entrega do trabalho também vem sendo feita em documento eletrônico, as regras tornaram-se um pouco mais livres, já que, se o trabalho atingir nota suficiente para ser depositado na biblioteca ou participar de um concurso, será entregue nesse formato.

Criar uma identidade visual completa do trabalho demonstra profissionalismo. Integrar o visual da apresentação com a produção gráfica do trabalho e o material entregue para as observações da banca são pontos essenciais para mostrar sua preocupação com a conclusão de seu curso.

Pense nisso e imagine que exista um manual de identidade visual para o seu trabalho – ou seja, utilize as mesmas cores e fontes e defina uma marca para o que será executado. Com um pouco de atenção e cuidado, seu trabalho poderá ter um excelente acabamento. Entretanto, evite os exageros, pois poderá passar a impressão de que fez um trabalho amador.

Tenha em mente que a banca examinadora também o julgará nesse quesito, então, não seja displicente quanto a isso.

29 IMPORTÂNCIA DO DESENVOLVIMENTO DA CONCLUSÃO

Um dos itens que podem prejudicar a qualidade de um trabalho que exigiu tanta dedicação e consumiu tanto tempo é a conclusão. Muitas vezes, perde-se muito tempo no desenvolvimento de todos os aspectos do trabalho e, no momento da conclusão, não se percebe a sua importância ou não existe mais fôlego para ela.

Desenvolver um trabalho durante um ano inteiro - ou mesmo seis meses - e, em seguida, concluí-lo em apenas uma página não faz muito sentido. Lembre-se de que a conclusão é o momento de reflexão mais importante do seu percurso, em que você verificará se todos os objetivos foram atingidos, perceberá se houve desvios ao longo do trajeto e, finalmente, concluirá sobre a veracidade e aplicabilidade de todos os seus estudos.

Não deixe que essas reflexões sejam feitas por outras pessoas. Tome para si essa incumbência e as considere, você mesmo, em sua conclusão. Analise todos os pontos que podem ser continuados em seus estudos e a relevância do seu trabalho para o tema estudado.

Na conclusão, você deve avaliar se as ações propostas em um projeto serão viáveis e podem ser de fato aplicadas, se os temas estudados em uma monografia foram suficientes ou se necessitam ser aprofundados e se o estudo de caso foi bem analisado.

Com toda a certeza, uma conclusão bem-feita traz uma satisfação maior de dever cumprido, de que o seu trabalho foi bem desenvolvido e será útil para uma aplicação no mercado ou para um estudo posterior, se esse for o caso.

Uma boa conclusão não irá salvar trabalhos sem qualidade, mas um trabalho sem fechamento ideal talvez comprometa o seu desenvolvimento integral.

30 TUDO PRONTO? REVISÃO FINAL

A revisão final é outra fase muito importante na conclusão do seu trabalho. E obrigatória.

Imagine que você tenha levado alguns meses para desenvolver seu trabalho (para pós-graduação e algumas graduações, seis meses; para outras graduações, um ano; para mestrado e doutorado, a construção de discurso pode levar anos) e, depois desse esforço intenso, você negligencie e não revise o seu texto! Pronto, esse é o erro fatal para que seu trabalho não seja visto com bons olhos e todo o empenho que teve seja desconsiderado.

Nunca, de maneira nenhuma, entregue um texto sem revisão, seja ele um trabalho universitário ou profissional. É a sua imagem que está em risco. Erros gramaticais e ortográficos nunca são bem-vistos. Muitas vezes, o avaliador não consegue identificar se foi falta de revisão ou se existe um problema na formação educacional do aluno.

Tome muito cuidado com as correções automáticas que programas de texto como o Word fazem. Sem uma revisão, erros graves passam despercebidos.

Portanto, por mais cansado que você esteja, por mais pesado que tenha sido o trabalho até aqui, é hora de buscar forças e fazer uma leitura minuciosa de tudo o que foi escrito, construído e pesquisado. Não pense que, por causa dessa revisão, os erros desaparecerão por completo. Dificilmente você não encontrará um erro no seu trabalho impresso. Se, com todo esse cuidado, ainda assim você encontra erros, imagine se não dedicar um tempo para fazer uma revisão cuidadosa no documento pronto!

A revisão demanda tempo. No seu cronograma, considere um prazo de finalização do trabalho com folga antes da entrega, para que você possa ter tempo de desenvolver essa tarefa tão importante com o cuidado que ela merece.

31 REVISÃO FINAL PROFISSIONAL

A revisão é uma etapa tão importante que, se você tiver oportunidade, é altamente recomendável que, após a sua revisão minuciosa, o seu trabalho seja encaminhado para um revisor profissional. Existem empresas especializadas e profissionais muito competentes no mercado para realizar esse tipo de trabalho. Mas atenção: eles possuem uma demanda muito grande desse tipo de serviço e pedem, em média, quinze dias para fazer uma boa revisão do trabalho. Portanto, esse período também deve ser considerado em seu cronograma.

Cuidado, também, para que o revisor não modifique a intenção e o sentido do seu trabalho ou texto. Muitas vezes, com o intuito de fazer uma correção perfeita, algumas ideias perdem o sentido criado por sua linha de raciocínio. É importante pedir ao revisor que marque todas as correções no texto em outra cor para que você verifique e aceite ou não as sugestões. Um bom recurso, que facilita esse trabalho, é a ferramenta de revisão do Word, em que é possível identificar todas as alterações realizadas no seu texto por outra pessoa e aceitá-las ou não.

Lembre-se, também, de que esse tipo de trabalho tem um custo – a maioria dos revisores cobra por lauda. Fazer pesquisa de preço é importante, mas consulte amigos ou conhecidos que já utilizaram o trabalho dos revisores que você pretende contratar. Muitas vezes, o barato pode sair mais caro.

Tenha em mente que enviar o trabalho para um revisor profissional não desvalorizará o seu esforço. Muitos escritores com larga experiência se valem do mesmo expediente e nenhum livro sai de uma boa editora sem várias revisões.

32 A RELEVÂNCIA DOS ANEXOS

Algumas dúvidas muito frequentes são: o que colocar anexado? Para que servem os anexos? Quais anexos são realmente necessários?

Em primeiro lugar, é preciso esclarecer que todas as informações que complementam o trabalho, mas não são essenciais, devem ir anexas. Os anexos servem para que o trabalho não fique poluído, com informações demais e para que todos os dados relevantes citados que não façam parte do trabalho componham o que está sendo mostrado.

Todo anexo deve ser relevante para o trabalho. Uma informação complementar, que não tenha tanta importância, não deve ser incluída. O anexo deve ser citado ao longo do trabalho para se fazer necessário, caso não seja citado, significa que é dispensável.

As tabulações das pesquisas, leis citadas ao longo do estudo, orçamento das ações e matérias de revistas e jornais utilizadas como referências são alguns itens que devem constituir anexos, assim como figuras e outras imagens. Os anexos aparecem no final do TCC, após a bibliografia e a webgrafia. Eles podem ser separados por letra, que deve ser considerada conforme a ordem de seu aparecimento ao longo do trabalho (A,B,C...). Não há necessidade de serem coloridos e de respeitarem a formatação geral do trabalho; podem ser fotocópias. A citação da fonte da qual foram retirados é obrigatória.

Analise bem se todas as informações incluídas devem mesmo fazer parte do trabalho. Os anexos são complementações e não devem servir para aumentar de maneira artificial o tamanho do TCC.

Os anexos, assim como a errata, agradecimentos, lista de abreviaturas e siglas, lista de símbolos, resumos, sumário, referências, glossário e apêndice não possuem indicativo numérico.

33 DEDICATÓRIA E AGRADECIMENTO: UM CUIDADO ESPECIAL

Não é obrigatório fazer dedicatórias e agradecimentos; eles são sempre opcionais. No entanto, lembrar as pessoas que colaboraram com você ao longo do seu caminho é um cuidado especial.

Para esses dois itens, não existem regra, fonte ou formatação. Essa é uma parte livre do seu trabalho, em que é possível usar sua imaginação e criatividade.

Qual a diferença entre dedicatória e agradecimento? Na primeira, você dedicará o seu trabalho às pessoas importantes ao longo da sua vida ou do seu curso. Geralmente, dedicamos aos mais próximos, como pessoas queridas da família.

Já nos agradecimentos você pode citar todos os que o ajudaram. Pode lembrar em que momento essas pessoas colaboraram e escrever um agradecimento especial a cada uma. Não há limite de caracteres, mas o bom senso diz que mais de uma lauda é exagero.

Aproveite para agradecer a seus professores, a seu orientador e a seus colegas de turma que auxiliaram não só na construção do seu trabalho, mas também na sua formação. Você conviveu pelo menos quatro anos com todas essas pessoas e, com certeza, passaram juntos alguns momentos especiais. Você também pode fazer um agradecimento a alguém da empresa que colaborou com suas pesquisas.

Cuidado para não utilizar ironias ou agradecer "coisas", como o bar da esquina da faculdade. Pode parecer besteira, mas já li muito agradecimento assim, e isso pode prejudicar sua imagem. Dependendo da nota do seu trabalho, ele pode ficar à disposição para consulta, na biblioteca, e arquivado na faculdade por muito tempo. Cuide sempre da sua imagem.

34 FICHA CATALOGRÁFICA

A falta de conhecimento sobre a utilidade da ficha catalográfica pode dar a impressão de que este é um item desnecessário. Ela serve para que o seu trabalho seja encontrado com mais facilidade em uma biblioteca e seja catalogado da maneira correta. Baseia-se na que encontramos em qualquer livro, quase sempre na segunda página, e é similar a ela.

A ficha catalográfica é colocada no verso da folha de rosto. Deve conter seu nome, título do seu trabalho, seu curso, o nome da instituição, o ano e o número de páginas do seu trabalho, além das palavras-chave.

Mas o que são palavras-chave? São palavras que servem como referência: os principais tópicos, com a finalidade de facilitar a busca. Por exemplo: se o seu trabalho é do curso de Economia, e você está desenvolvendo um projeto para o mercado de ações, provavelmente algumas das palavras-chave dele serão: "bolsa de valores", "ações", "mercado financeiro", "mercado de ações" e assim por diante.

Veja este exemplo de ficha catalográfica:

POLITO, Rachel.
Superdicas para TCC. Cidade/ Rachel Polito: – ANO.
Número de páginas. X f.; (tamanho do papel) cm.

Coordenação -----------; Orientação -----------.

Trabalho de conclusão de curso (Graduação em ---------------) – Faculdade de -----------, Nome da Universidade, Cidade, ano.

Inclui anexo e bibliografia.

Palavras-chave

Índices para catálogo sistemático

1. TCC 2. TGI 3. Monografia 4. Projeto
5. Metodologia 6. Apresentação

35 ERROS IMPERDOÁVEIS

Temos de pensar em todos os erros que não devem ser cometidos durante o desenvolvimento de um trabalho de conclusão de curso. Fique atento, pois é a projeção de sua imagem que está em jogo.

O primeiro cuidado que você deve ter é com o uso da primeira pessoa do singular ou do plural na redação. Um trabalho de conclusão de curso nunca pode ser desenvolvido na primeira pessoa do singular. Você está levantando reflexões e dados e não deve colocar sua opinião no trabalho.

É importante, também, que você leve em conta a qualidade da redação e erros gramaticais. Algumas vezes, encontramos até erros básicos de acentuação por causa da constante utilização de corretores ortográficos do computador. Muito cuidado, portanto! Erros gramaticais demonstram falta de revisão, falta de cuidado e, acima de tudo, falta de preparo.

No curso de Relações Públicas, por exemplo, é comum encontrar trabalhos com a palavra "pública" sem acento repetida inúmeras vezes, pois o corretor eletrônico a entende como o verbo conjugado "publica" e não acusa o erro, o que só é possível detectar por meio de uma leitura atenta. Esse tipo de cuidado demonstra o tratamento e a importância que você está dando ao seu TCC.

Outro erro comum é tomar como sua a informação de um autor. Isso é plágio, então, cite a fonte. Além de ser uma obrigação, demonstra que você pesquisou sobre o assunto e o fundamentou em publicações de especialistas.

Evite também mudar a ordem do seu trabalho sem o consentimento de seu orientador. Ela existe por uma razão e, se for invertida, pode prejudicar toda uma linha lógica. Siga o manual do seu curso.

Atenção e muito cuidado com as regras de metodologia. Um excelente trabalho, com conteúdo rico, pode ser prejudicado e até reprovado por falhas na metodologia, como uma citação de forma incorreta.

36 A IMPORTÂNCIA DO RESUMO, *ABSTRACT* OU *RESUMEN*

O resumo é essencial para que o seu trabalho seja analisado de maneira correta e profissional. Um bom resumo orienta o leitor sobre o mundo em que ele entrará, informa o assunto desenvolvido, mostra o que ele poderá esperar e o poupa de fazer uma leitura que talvez não lhe interesse. Sendo bem-feito, ele envolverá o leitor e o "encantará" com o mundo de estudo do seu TCC.

Deve-se escrevê-lo, basicamente, em três parágrafos, contendo o assunto, a metodologia utilizada, o caminho percorrido (fundamentação e pesquisa), os objetivos, os resultados finais e a conclusão. Contar o que foi feito em cada etapa, desenvolvendo uma ou duas linhas para cada fase, é uma boa maneira de conduzir o resumo sem se esquecer das principais informações. Considere o sumário do trabalho e analise, passo a passo, o seu desenvolvimento e o que foi feito durante todo o seu estudo.

É muito importante contar o que se pretendia e aonde se chegou, mesmo que sejam lugares distintos.

É importante, também, uma pequena informação sobre o cliente.

O *abstract* é o resumo em inglês - uma das regras para os trabalhos que serão catalogados na biblioteca. Trata-se exatamente do mesmo texto do resumo só que redigido em inglês. E *resumen* é esse mesmo texto vertido para o espanhol. Atenção: se você não possuir habilidade com os idiomas, contrate uma pessoa para fazer as duas versões.

Quando se consulta um trabalho, as informações que constam na pesquisa são: a ficha catalográfica, incluindo as palavras-chave; algumas vezes, o sumário; e o resumo, o *abstract* e o *resumen*. Portanto, o resumo deve ser um retrato fiel do que se encontrará no conteúdo do seu TCC.

37 PERSONALIZAÇÃO E ORIENTAÇÃO: CUIDADO COM OS COMPARATIVOS

Como orientadora de trabalhos de conclusão de curso, fico muito surpresa, às vezes, com as "regras" criadas devido a conversas paralelas que aparecem durante o desenvolvimento de um trabalho. Muita atenção, pois pode ocorrer de um colega que teve a intenção de ajudar tomar uma experiência pessoal, que aconteceu em conversa com o orientador dele, e transformá-la em regra para todos. Em certas situações, que não são raras, essas regras são falsas e podem dificultar o desenvolvimento do seu TCC.

Pense que o seu trabalho é apenas seu, deve ser único, e cada aluno ou grupo recebe orientações diferenciadas. Muito cuidado com informações "extraoficiais".

A maioria dos cursos possui um manual, com as regras básicas do trabalho de conclusão de curso que devem ser seguidas. Qualquer informação ou modificação que não conste no manual deve ser conversada e discutida com o seu orientador. Normalmente, as regras têm exceções, e todos os trabalhos devem demonstrar uma característica personalizada.

Muito cuidado com as comparações, pois o que serviu para o seu colega pode não servir para você - essa informação, apesar de óbvia, é uma das mais importantes. O seu trabalho deve seguir o que é discutido com o seu orientador.

Atenção, também, com o pânico causado quando se analisa o trabalho de seus colegas. Um trabalho pode necessitar de 100 páginas a mais que o seu para ser justificado e bem fundamentado. Isso não significa que, se o trabalho de seu colega for maior que o seu, com mais páginas, mais pesquisa e maior fundamentação, o seu terá qualidade inferior. Todos os trabalhos são avaliados pelo assunto e pela profundidade necessária - essa comparação pode ser prejudicial para o seu desenvolvimento e não levará a nada.

38 A RELAÇÃO ALUNO-ORIENTADOR

O trabalho de orientação exige um grau maior de envolvimento com o aluno. Considere o seu orientador um aliado, conte com ele para o que for necessário, mas não se esqueça de que todo relacionamento exige troca. Isso significa que, se você não estiver presente e não participar das orientações, não pode esperar que seu orientador seja a solução para os seus problemas.

Discutir cada etapa do seu trabalho com o orientador evita surpresas futuras, possibilita que os problemas sejam resolvidos ao longo do caminho, e os desvios de tema e pesquisa sejam feitos com mais tranquilidade.

Se você desenvolver o seu TCC em acordo com o seu orientador, o projeto será de ambos, e a causa não será apenas sua. Ele conhecerá seu trabalho desde o princípio e poderá criticá-lo desde então, para que você possa aperfeiçoá-lo. Se ele não conhecer o seu trabalho como deveria, existe a chance de que todas as críticas surjam durante a banca, e um trabalho de um ano ou um semestre pode ser minado em sua apresentação final.

Seu orientador nunca estará em seu percurso para prejudicá-lo. Tenha um relacionamento sadio, confie em seus conhecimentos e em suas correções e lembre-se de compartilhar com ele todas as dificuldades, para que seja possível entender por que algumas atividades podem não ser desenvolvidas conforme o esperado.

Peça auxílio ao seu orientador para indicar outros professores que também possam ajudá-lo - ou, se você já estiver consultando outros professores, tenha a consciência de avisá-lo. A decisão final de todas as informações incluídas no trabalho deve ser tomada em conjunto com seu orientador.

39 CRONOGRAMA DO TRABALHO EM SI

Para que o seu trabalho tenha qualidade e seja desenvolvido com calma, da melhor maneira possível, você pode desenvolver um cronograma de atividades - ou, se a sua universidade tiver um, respeitá-lo o mais fielmente possível.

Em muitos momentos, os alunos acham que o trabalho não ficará pronto a tempo. Se o cronograma for respeitado, haverá tempo de sobra para o seu desenvolvimento, correção, formatação e ampliação, se necessário. Desenvolver o trabalho, passo a passo, e entregar as tarefas no prazo solicitado tornam sua construção tranquila.

Trabalhe com firmeza em sua pesquisa, aplicação e tabulação. Entregue todos os temas de desenvolvimento teórico nos prazos solicitados e procure, sempre que possível, estar um passo à frente do cronograma. Assim, qualquer problema ao longo do caminho pode ser contornado. Por mais simples que pareça, terminar um trabalho de conclusão de curso antes do tempo traz uma das maiores vantagens para o aluno: um tempo maior para sua revisão e para o desenvolvimento estético final.

Evite pular etapas e procure seguir a ordem lógica, para que você perceba seu desenvolvimento. No entanto, se algumas das etapas ficarem "travadas" por dificuldade em obter informações de terceiros ou problemas no seu desenvolvimento, não fique parado esperando resolver aquele ponto, procure adiantar o que for possível no trabalho.

É muito comum os alunos explicarem que não houve tempo para um bom desenvolvimento por causa de um problema em algumas das etapas. Dedique-se para que nenhuma etapa trave o seu desenvolvimento e adiante a maior quantidade de tarefas possível.

40 APRESENTAÇÃO

Depois da entrega do TCC, existe uma tendência de relaxar um pouco e se sentir aliviado pelo fato de ter terminado a maior parte. No entanto, a apresentação pode transformar o seu trabalho nos dois sentidos: para o bem ou para o mal. Sem esquecer, ainda, que ela compõe uma porcentagem importante da nota final.

Uma apresentação bem-feita pode melhorar a qualidade de um trabalho avaliado apenas como médio ou razoável, e uma apresentação malfeita pode arruinar um trabalho com conteúdo de excelente qualidade. É evidente que, por melhor que seja a apresentação, ela não poderá fazer um trabalho ruim passar a ser bom - mas ajuda muito no resultado final.

Entender todos os passos que devem ser levados em consideração, como se comportar, a maneira de responder às perguntas da banca, o que vestir, os cuidados com a preparo do "evento", as precauções com o ensaio e a melhor forma de aprontar seu material visual são alguns dos pontos essenciais para que essa etapa seja a conclusão perfeita do trabalho ao qual você se dedicou durante tanto tempo.

As próximas dicas mostrarão todos esses pontos, para que não haja nenhuma dúvida no dia em que for realizar sua apresentação.

Saber com antecedência como lidar com todos os fatores que aparecerão nesse dia vai deixá-lo mais calmo e tranquilo para fazer uma apresentação segura, confiante e bem-sucedida. Se você estiver bem preparado e atentar para todas as adversidades que podem ocorrer no dia de sua apresentação, a obtenção de um bom resultado é praticamente certa.

41 ESTRUTURA DA APRESENTAÇÃO (CONTEÚDO)

Uma dúvida importante, que a maioria dos alunos tem, é sobre que informações colocar na apresentação. Em primeiro lugar, deve-se classificar quais as informações mais relevantes para apresentar.

Muitas vezes, as apresentações ficam gigantescas, pois há dificuldade em selecionar o que se deve falar e mostrar durante a exposição. Depois de desenvolver o trabalho, durante um ano inteiro, tudo parece relevante - definir o que entra ou sai da apresentação é uma tarefa que parece quase impossível.

Esta é a regra mais importante: sua apresentação tem um tempo limite e ultrapassá-lo prejudicará o desenvolvimento geral do seu trabalho. Portanto, o primeiro cuidado a tomar é saber quanto tempo a sua instituição dará a você para apresentar seu trabalho. Geralmente, esse tempo gira em torno de 30 minutos.

No curso de Relações Públicas da Faculdade de Comunicação da Fundação Armando Álvares Penteado (Faap), no qual sou orientadora, os alunos ou grupos têm 20 minutos, no mínimo, e 40 minutos, no máximo, para concluir suas apresentações. Ter um roteiro prévio das informações que devem constar na sua apresentação vai ajudá-lo a prepará-la de maneira mais objetiva, para que não haja excessos que minimizem a importância dessa etapa, que encerrará o processo do desenvolvimento do trabalho.

Vamos, então, analisar quais informações devem estar presentes, o que é mais relevante, o que não pode faltar e de que maneira essas informações devem ser apresentadas. Nas próximas dicas, você encontrará uma sequência, passo a passo, para visualizar sua apresentação como algo lógico, simples, objetivo e que cumpra o seu papel.

42 ESTRUTURA DA APRESENTAÇÃO (INÍCIO)

O início é a parte mais delicada de qualquer apresentação. Nesse momento, as informações básicas devem ser transmitidas com clareza para que o ouvinte e a banca se envolvam nesse processo com você. Deixar lacunas e dúvidas logo no início pode prejudicar todo o percurso da apresentação.

Em primeiro lugar, apresentar o seu tema é fundamental. Muitas vezes, não nos damos conta de que o que é muito claro para nós pode não fazer o menor sentido para quem está nos assistindo se não for muito bem explicado.

Explicar a escolha do tema é o próximo passo para que a plateia entenda o motivo que o levou a estudá-lo durante todo esse período. É importante justificá-lo de maneira pessoal, dizendo o que o motivou a desenvolvê-lo, como foi o seu processo de escolha e quais os seus interesses nesse assunto.

Se você possui um cliente-modelo, é a hora certa de contar um pouco mais sobre ele. O que ocorre, muitas vezes, é que o aluno começa a discorrer com entusiasmo sobre o trabalho e se esquece de "contar" aos ouvintes quem é o seu cliente. Apresentar suas características principais, como um breve histórico, número de funcionários, ramo de atuação, principais concorrentes e uma rápida análise da área da empresa estudada faz todos os ouvintes sentirem-se preparados a entender todo o seu processo de estudo.

Depois de explicar o tema, justificá-lo e contar um pouco sobre o seu cliente, é o momento de dizer quais são os seus objetivos. Aonde você pretende chegar com esse estudo.

43 ESTRUTURA DA APRESENTAÇÃO (MEIO)

Neste momento, você já desenvolveu o início da sua apresentação, com os seguintes pontos: tema, justificativa, apresentação do cliente e objetivos. A próxima etapa é contar à plateia e à banca o que foi feito para atingir esses objetivos.

É a oportunidade de explicar sua fundamentação teórica e citar os assuntos estudados para desenvolver o trabalho e se aprofundar nos temas mais relevantes. Isso mostrará aos ouvintes sua capacidade de selecionar, dentro de um "mar de informações", as bases teóricas mais relevantes.

Para atingir esses objetivos, foi desenvolvida a pesquisa - é a hora de falar sobre ela. Deve-se levar em consideração que você não aplicará a sua pesquisa com os componentes da banca ou com os ouvintes. Por esse motivo, selecione apenas as informações realmente importantes. Seja bastante criterioso para expor apenas o que é efetivamente fundamental.

Você precisa, então, apresentar os objetivos da pesquisa, o método de coleta de dados adotado, a amostra e os principais resultados obtidos. Lembre-se de que os principais resultados podem ser representados pelos gráficos que já estão no seu trabalho, no caso de uma pesquisa quantitativa, ou por meio de frases de impacto colhidas dos seus entrevistados.

Muita atenção para não cansar o ouvinte descrevendo a pesquisa completa. Nunca inclua o questionário em sua apresentação. Se você escolheu as informações mais relevantes para colocar em seu trabalho, o processo será o mesmo durante a apresentação da pesquisa.

44 ESTRUTURA DA APRESENTAÇÃO (FIM)

Depois de contar o que foi feito para que os objetivos fossem atingidos, é o momento de levantar reflexões e fazer uma análise com base em todos os dados apresentados. Aqui, entra o seu diagnóstico.

Você já disse o que veio fazer, o que pretende, o que fez para conseguir o resultado. Analisou as principais informações, descobriu falhas para consertar e mostrou o que foi feito para solucionar os problemas identificados no diagnóstico. Agora, deve apresentar seu plano de ações, dizendo o que foi desenvolvido na parte prática do projeto, no caso em questão.

Muita atenção na hora de desenvolver as ações para que sua apresentação não fique engessada. É importante levantar todos os dados de cada ação, mas esse levantamento deve ser feito por você, verbalmente, não pela sua apresentação visual.

Em monografias, a apresentação concentra-se na parte teórica do que foi feito para atingir os objetivos. Essa parte sobre o desenvolvimento de plano de ações deve ser desconsiderada.

Apresentado o plano de ações, você precisa mostrar o quanto tudo isso custará e qual o prazo necessário para executar esse projeto. Deve apresentar orçamentos e cronograma.

No momento mais crucial da apresentação, depois de todos os dados e informações coletados serem expostos, você precisa mostrar a que conclusão chegou em seu estudo. É importante valorizar a importância da sua profissão para a aplicação do trabalho, levantar reflexões sobre os estudos feitos e mostrar caminhos para novos projetos.

Nessa etapa final, você convencerá a banca de que está preparado para levantar suas próprias reflexões, depois de todo o estudo realizado.

45 UTILIZAÇÃO DO ROTEIRO PARA APRESENTAÇÃO

É comum querermos saber se é possível utilizar um roteiro durante uma apresentação. Ele é permitido, mas, na maioria das vezes, pode deixar o grupo ou a pessoa que está apresentando preso e "robotizado".

Utilizar o PowerPoint como roteiro é o mais adequado. Como a construção deve ser feita em tópicos e com pouco texto, você terá uma linha de raciocínio geral e não ficará preso ao excesso de informações que pode ficar tentado a colocar no papel.

Se precisar de dados como datas e valores, vale deixá-los anotados em um papel, no canto da mesa em que fará sua apresentação, para que não se obrigue a decorar informações desnecessárias - nenhum examinador de banca exige que você apresente números de cabeça. Se você os pesquisou e sabe onde encontrá-los, já é suficiente.

Quanto menos decorar informações, mais natural e tranquila será sua apresentação. Considere o roteiro como suporte, não como muleta. Muito cuidado, na hora, com o excesso de zelo.

Algumas coisas são importantíssimas que se tenha em mente. Se você construiu seu trabalho com propriedade e seriedade, não terá problemas para apresentá-lo. Se, por acaso, se esquecer de algo, entenda que só você saberá que esqueceu – ninguém saberá que aquilo deveria ter sido dito ali, naquele momento.

Se realmente sentir a necessidade de utilizar o roteiro escrito, lembre-se de que ele deve conter apenas tópicos básicos para sua apresentação. Procure treinar bastante para que esse recurso seja descartado e sua presença em frente à banca examinadora seja a mais tranquila e natural possível.

46 CONSTRUÇÃO DA APRESENTAÇÃO: VISUAL E CONTEÚDO

Ao iniciar o preparo visual da apresentação, tenha em mente algumas regras básicas que, sem dúvida alguma, facilitarão a sua execução. Para qualquer tipo de apresentação projetada, são recomendadas fontes (tipos de letra) sem serifa. As fontes serifadas foram criadas para a leitura em papel, como neste livro, e, se projetadas, dificultam a visualização de quem as lê, pois possuem um prolongamento das hastes das letras e excesso de curvas.

Como exemplo de fonte com serifa, temos a Times New Roman e a Garamond. As fontes sem serifa mais utilizadas e recomendadas são Arial, Tahoma, Verdana, Helvetica e Futura, entre outras.

Vamos ver alguns exemplos:

AaBbCc → **fonte sem serifa.**

AaBbCc → **fonte com serifa, destacada em cinza.**

Decidida a fonte a ser utilizada, é hora de cuidar da estruturação do conteúdo. A tendência é fazer apresentações cheias de textos e informações. Porém, quanto menos texto tiver na sua apresentação, maiores serão as chances de você se apresentar com mais naturalidade, pois não estará preso às informações da tela.

Uma boa dica que ajuda na elaboração dos *slides* é procurar construí-los com, no máximo, sete tópicos e sete palavras por tópico. Utilizando essa regra, você terá a garantia de que seu visual estará sempre limpo, e a visualização será perfeita de qualquer ponto do auditório.

Prepare sua apresentação em tópicos e deixe que todas as informações e explicações relevantes fiquem por sua conta. Esse é o seu papel na apresentação. O visual é um suporte e não deve ser utilizado como muleta ou como peça principal de sua apresentação.

47 CONSTRUÇÃO DA APRESENTAÇÃO: CORES DA TELA (O QUE NÃO UTILIZAR)

Deve-se tomar cuidado com alguns aspectos essenciais na hora de construir o fundo da sua apresentação. Em primeiro lugar, evite o fundo branco, pois o excesso de luminosidade prejudica a visão e dá a impressão de um trabalho caseiro.

O fundo vermelho tem problemas semelhantes, com o excesso de luminosidade prejudicando a visão e tornando a apresentação muito cansativa. Nessa mesma categoria, encontram-se o amarelo e o laranja.

Cuidado com texturas e imagens ao fundo. Lembre-se de que as informações e dados são muito mais importantes do que o visual. As imagens são permitidas e bem-vindas, desde que não dificultem, em nenhum momento, a visualização das informações.

É necessário fazer seu trabalho parecer o mais profissional possível - uma das armadilhas que impedem esse processo é a tendência de fazer um fundo com as cores do logo da empresa (caso esteja apresentando um projeto). Não existe motivo para essa combinação. Deixe sua mente livre para testes.

Evite, também, produzir apresentações em Flash – elas não precisam ser um *show*, apenas devem ser profissionais e bem-feitas. Apresentações em Flash causam mais insegurança. Imagine que está tudo pronto, lindo e bem-feito, você mostra ao seu orientador alguns minutos antes da apresentação e ele encontra um erro. A apresentação em Flash não permitirá que essa correção seja feita, e você apresentará seu trabalho com insegurança, pois sabe que existem erros.

Para saber a importância de o seu trabalho ter uma identidade visual coerente, leia a dica 28.

48 CONSTRUÇÃO DA APRESENTAÇÃO: CORES DA TELA (O QUE UTILIZAR)

Analisando as melhores soluções na hora de construir o fundo, chegamos aos seguintes dados: deve-se ter em mente que todo fundo que preparamos em nosso computador fica, em média, 30% mais claro ao ser projetado. Se você utilizar um cinza muito claro, por exemplo, ele ficará praticamente branco.

As cores claras são bem-vindas, mas exigem atenção redobrada. Se você não conhece as condições do telão em que apresentará, evite utilizá-las. Se o telão não estiver em bom estado e contiver manchas, elas aparecerão, e ficará parecendo que o problema é da sua apresentação. Utilizar cores fortes, geralmente, é mais seguro.

O azul-escuro, mas não marinho, é o mais utilizado nas apresentações. Mas, já que temos essa informação, é o momento de tentar inovar. Se todos utilizam a mesma cor, não existe necessidade de você também a utilizar. Fundos com cores em tom terra e verde-escuro projetam uma imagem excelente e são ótima alternativa para fugir do lugar-comum.

Se você tiver a intenção de utilizar o fundo preto, tome cuidado com alguns aspectos. A quantidade de informação deve ser reduzida, pois tela com positivo/negativo (fundo preto e letra clara) deve ser a mais legível possível. Se esse for o seu caso, procure inovar: uma letra azul bem clara, por exemplo, fica muito agradável em uma apresentação com fundo preto.

Não se preocupe em preencher a tela toda com informações – crie um *layout* bonito e arejado. Você pode tomar até metade da tela com uma figura, por exemplo, e utilizar somente a outra metade para o texto.

Finalmente, deixe uma margem de segurança nos quatro cantos do seu *template*. Como cada projetor possui uma configuração, fazendo isso você não correrá o risco de ter informação cortada. Procure o mais simples e faça o melhor.

49 OS CONVIDADOS PARA A APRESENTAÇÃO

Muitas vezes, por timidez, medo do desempenho ou por achar que as pessoas não se interessarão, você pode pensar em não convidar muita gente ou ninguém para a sua apresentação. Lembre-se de que, se for um trabalho de graduação, será um dos momentos mais importantes da sua vida - nada melhor do que a família e os amigos para compartilhá-lo com você.

Depois de terminada a apresentação, o que escuto daqueles que não tiveram coragem de convidar pessoas queridas para a apresentação é: "que pena que não convidei meus pais e amigos. Teria sido ótimo. Foi tudo tão tranquilo".

Pense no orgulho que seus pais terão de ver um filho formado. Imagine a festa que poderá fazer com seus amigos após a conclusão da banca. Depois de estudar por quatro ou cinco anos, ninguém melhor para compartilhar esse momento do que as pessoas mais próximas a você.

Lembre-se de convidar o seu cliente, se estiver realizando um projeto – se isso já não for uma obrigatoriedade do seu curso ou uma exigência do seu orientador. O fato de o cliente assistir ao trabalho concluído dá maior credibilidade ao processo e à sua finalização e pode, também, trazer uma oportunidade de negócio para você – como a compra do projeto – ou até abrir as portas do mercado.

Se estiver fazendo uma apresentação de pós-graduação, mestrado ou doutorado, é a superação de uma nova fase. Uma etapa de um esforço intelectual árduo que, muitas vezes, deve ser compreendido por pessoas que vão além dos parentes e amigos. Elas também devem ser convidadas. Chefes, colegas de trabalho e professores que colaboraram ao longo do percurso... Não se esqueça de ninguém que contribuiu e ajudou para que essa importante etapa fosse cumprida.

50 OUVINDO AS PERGUNTAS DA BANCA

Passada a apresentação, esse é um dos momentos de maior tensão no processo final do TCC. A construção do trabalho foi tão longa e árdua que ouvir críticas é praticamente inadmissível. No entanto, é inevitável - respire fundo e encare esse desafio.

Não veja a banca como um "bicho-papão" e não crie resistência a ela. A melhor maneira de enfrentá-la é imaginar-se recebendo uma última aula do curso, particular, direcionada apenas a você e às suas necessidades.

Não espere que os componentes da banca passem a mão na sua cabeça nem, muito menos, que joguem flores no seu trabalho. O papel da banca é o oposto: contribuir com ideias e informações que enriqueçam e engrandeçam seu trabalho.

Vamos separar a maneira de ouvir as perguntas da banca em duas categorias, descritas a seguir:

A. Se estiver fazendo uma apresentação de mestrado ou doutorado, você poderá ouvir as perguntas de cada componente da banca sentado, anotá-las até o fim e, após esse processo, respondê-las. Isso lhe dá tempo para montar sua linha de raciocínio e identificar o caminho para responder a todos os questionamentos.

B. Se estiver fazendo uma apresentação de graduação ou pós-graduação, precisa ouvir as perguntas em pé e respondê-las ao final de cada uma. Escute-as atentamente. Esse é um dos momentos mais delicados. Nunca interrompa o interlocutor. Muitas vezes, por ansiedade ou por se sentir atingido pela crítica, a tendência é interromper e tentar explicar no meio da indagação. Isso demonstrará o seu nervosismo e, algumas vezes, até falta de educação com o seu arguidor, criando uma resistência desnecessária. Preste atenção a todos os detalhes da questão e, se tiver calma, poderá encontrar a resposta na própria pergunta realizada.

51 COMO RESPONDER ÀS PERGUNTAS DA BANCA

Muito cuidado com o sentimentalismo na hora de começar a responder às questões da banca. Não se sinta ofendido nem crie resistência no início de sua resposta, mesmo que não concorde com a colocação do seu arguidor. Atenção! Essa informação é tão importante que vou repeti-la: mesmo que você não concorde com a colocação do seu arguidor, não crie resistência logo no início da sua resposta.

Imagine que, se você discordar da questão logo de cara, mesmo que a colocação possa ter sido equivocada, você criará resistência em quem o está avaliando. Trate a questão com cautela. Costumo dizer aos alunos: "concorde mesmo se discordar".

É evidente que isso é uma maneira de falar – deve-se encontrar uma afirmação ou colocação, durante a pergunta, que favoreça o seu pensamento ou que, ao menos, não vá tão contra o raciocínio desenvolvido em seu trabalho.

Desenvolva o seu argumento a partir dessa ideia. Responda com calma, sem objeções, mostrando o lado positivo e os dados que comprovam o seu pensamento, sem ofender a opinião do seu arguidor. Atenção! Com calma, tranquilidade e educação, não deixe de colocar o seu ponto de vista, pois apenas concordar não significa um bom desempenho perante a banca.

Outra informação importante a respeito das perguntas da banca é que, dependendo do seu teor, você não tem necessariamente de saber a resposta. Imaginemos que o seu tema seja muito interessante e gere muita curiosidade. Podem surgir várias questões sobre o assunto que não sejam relevantes ao tema e ao objeto de estudo.

Uma boa maneira de responder a tais questionamentos seria: "essa questão não fez parte do meu objeto de estudo e não saberia informá-la, mas, se o senhor desejar, posso pesquisar e enviar a resposta assim que tiver a informação".

52 UTILIZANDO ANOTAÇÕES PARA RESPONDER ÀS PERGUNTAS DA BANCA

Você já sabe que precisa ouvir as perguntas da banca atentamente – e até o final – para poder respondê-las. No entanto, existem algumas dúvidas a respeito de como respondê-las com o auxílio de anotações.

Já falamos que não existe a obrigatoriedade de decorar datas e dados. Se você os pesquisou e analisou durante todo o desenvolvimento do seu TCC, significa que os conhece. Nenhum professor imagina que trabalho de conclusão seja uma modalidade que gere "decoreba". O desenvolvimento lógico desse processo é um dos pontos mais analisados na hora da avaliação final do TCC.

Portanto, se algumas das perguntas exigirem esse tipo de informação, você pode, sem problema algum, consultar o seu trabalho para respondê-las. Essa possibilidade de consulta nos leva a duas outras informações importantes. A primeira é que você precisa ter uma cópia do trabalho à mão, no dia da apresentação. Portanto, providencie uma cópia extra na data da entrega e guarde-a a sete chaves.

A segunda é que é possível, sim, consultar todas as datas e dados, desde que você saiba onde localizar essa informação em seu trabalho. Isso demonstrará ainda mais conhecimento sobre o assunto desenvolvido e envolvimento com o trabalho realizado. Imagine que você saiba exatamente onde encontrar tal informação de certa pesquisa. Isso demonstrará que você não só realizou todo o trabalho, mas entendeu sua ordem lógica, revisou-o e estudou-o para a apresentação.

No entanto, se você não souber onde se encontra tal informação, isso poderá prejudicar seu desempenho frente à banca, pois demonstrará falta de conhecimento e falta de envolvimento com o trabalho.

53 MATERIAL ENTREGUE PARA A BANCA

Nesse momento, é preciso atentar para os ajustes finais, de modo que todo o seu TCC tenha integração, linguagem coerente e composição visual lógica. Você tomou o maior cuidado com a produção visual do seu trabalho, preparou com carinho a apresentação e, no momento de entregar o material de leitura para a banca, não pode descuidar.

É sempre muito útil e valorizado - em alguns cursos, até exigido - que seja entregue à banca o roteiro da apresentação, para que o acompanhamento e a avaliação possam acontecer da melhor maneira possível. No entanto, você pode se questionar: "será que nessa hora é necessário o mesmo cuidado que tive com a impressão do trabalho?". Sim, não deixe esse detalhe final comprometer sua imagem.

Mesmo o PowerPoint tendo a opção de impressão de folheto de anotação com três *slides* por página, imprima dois *slides* por página; caso contrário, os dados podem ficar ilegíveis, e a impressão, prejudicada. Imprima também colorido - é necessário que os gráficos fiquem visíveis e que as cores possam ser destacadas.

Faça uma composição visual que combine com a composição gráfica do seu TCC. Coloque o trabalho em uma pasta produzida por você ou que tenha pelo menos uma cor que se identifique com o seu trabalho. Coloque folhas em branco para anotações da banca e imprima também o resumo do seu trabalho.

Entregue para a banca, impressas em boa qualidade, as peças de apoio produzidas para as suas ações. Além de projetá-las, é necessário que a banca examinadora possa vê-las de perto.

Por último: seja gentil. Providencie água e caneta para os componentes da banca. Além, claro, de providenciar sua própria água. Você vai precisar.

54 TRAJE NA APRESENTAÇÃO

Depois de cuidar de tantos detalhes, não podemos deixar de falar da importância da vestimenta. Estar confortável durante sua apresentação é essencial e necessário; portanto, não adianta se fantasiar. Se, por exemplo, você não está acostumado a utilizar terno e gravata nem em casamentos, não tente se vestir dessa maneira, pois não se sentirá confortável e terá mais um obstáculo, um elemento a mais com que se preocupar.

Isso não significa, porém, que você poderá fazer sua apresentação usando bermuda e chinelos. Estar bem-vestido demonstra cuidado e respeito nesse momento importante e com as pessoas que estão assistindo e avaliando você. Uma calça social ou mesmo de sarja, uma camisa e um sapato resolvem o problema.

Para as mulheres, há mais detalhes. Devem evitar roupas curtas e decotes prolongados, pois eles desviam muito a atenção e dão um aspecto vulgar. Saltos altos são bem-vindos, desde que confortáveis – não se esqueça de que você permanecerá em pé por muito tempo. Evite usar tênis ou sapatos muito esportivos.

Maquiagens devem ser adotadas sem exagero: nada que dê a impressão de festa, mas que demonstre bom senso. Objetos como joias ou bijuterias não podem chamar muito a atenção. Não utilize peças grandes. Cuidado com brincos muito grandes e com pulseiras com pingentes, que acabam produzindo ruídos.

Se os cabelos forem muito compridos e você tiver a tendência de ficar arrumando-os durante a apresentação, prenda-os para não correr o risco.

55 MOMENTOS ANTES DA APRESENTAÇÃO

Você se preparou, treinou, estudou e, mesmo assim, continua muito nervoso. Decide tomar um calmante antes da sua apresentação, achando, ingenuamente, que isso resolverá sua ansiedade e não trará complicações. Erro grave!

Os calmantes, ansiolíticos ou mesmo remédios naturais diminuem a capacidade de concentração e raciocínio. Eles o deixam lento, fazendo-o esquecer as informações e perder a linha de pensamento. Você pode tanto sentir grande dificuldade em responder às perguntas da banca quanto desenvolver uma apresentação prolixa, perdendo a noção do tempo, atrasando e extrapolando o tempo limite de exposição.

Você deve tomar os seguintes cuidados antes da sua apresentação:

Alimentação – faça refeições leves durante todo o dia. Alimente-se várias vezes. Não deixe o jantar para depois da apresentação, como forma de comemoração, e não se apresente de estômago vazio. Se você estiver bem alimentado, sua apresentação será muito mais tranquila. Não exagere no sal para não sentir sede e não ficar com a boca seca durante a apresentação.

Ingestão de líquido – beba líquidos durante todo o dia. Não exagere, para não ter vontade de ir ao banheiro na hora H. Reserve sua água em um copo (não beba água no gargalo) durante a apresentação.

Bebida alcoólica – não ingira álcool em hipótese alguma como artifício para acalmar. Esse subterfúgio também é combatido, pois, como as medicações, altera a capacidade de concentração e raciocínio. Mesmo que esteja acostumado com a ingestão de álcool, não o faça. Guarde esse momento para a comemoração.

No dia da apresentação, coma doces – evidentemente, se você não possuir nenhuma restrição quanto a isso –, para que, caso fique nervoso, não sinta falta de açúcar no organismo.

56 FIZ TODAS AS REVISÕES E ENCONTREI UM ERRO: ERRATA

Com certeza, você já sabe da relevância da revisão. No entanto, mesmo com muita revisão, o risco de encontrar erros depois da impressão é sempre muito grande. Agora que você provavelmente os encontrou, é hora de resolver esse problema.

Prevendo essa possibilidade, existe uma norma da ABNT específica para isso, sobre como construir uma errata. Quando for identificado um erro de qualquer natureza, após a entrega do trabalho, deve-se imprimir uma folha da seguinte maneira:

Folha	Linha	Onde se lê	Leia-se
25	5	perido	período

Atenção, pois todos os erros devem ser incluídos na mesma página. Não imprima uma página para cada erro. Apenas coloque tudo em sequência, conforme eles forem surgindo. O que se deve levar mais em consideração é o cuidado na hora de produzir uma errata, já que a regra pode ser encontrada em qualquer livro de metodologia.

Muitas vezes, há uma resistência em produzir uma errata pelo fato de se achar que demonstrará erros no trabalho. É verdade, existe mesmo, mas analise pelo outro lado. Se você os encontrou, os professores que lerão o seu trabalho também poderão encontrá-los e, provavelmente, vão levantá-los em público no dia da sua banca. Portanto, quais são os pontos positivos de você ter entregado uma errata?

Em primeiro lugar, significa que, mesmo depois da entrega, você não se descuidou do trabalho e continuou fazendo revisão. Em segundo lugar, se você já apontou o erro, o seu avaliador não terá motivo para apontá-lo novamente. Será uma falha a menos no seu trabalho. E você demonstrará um cuidado a mais com todo o seu desenvolvimento. Vale a pena!

57 BRINDES PARA A BANCA

Existe uma tendência de presentear e dar brindes para a banca. Está certo que pode ser uma delicadeza, um sinal de agradecimento, mas cuidado para não parecer um "suborno" ou um exagero desnecessário.

Se você estiver produzindo brindes para o seu projeto e fizer algumas peças de modelo, pode, sim, entregá-las para a banca, desde que sejam relevantes ao seu tema e tenham propósito. Esse gesto será visto como uma atitude simpática e pertinente. Se estiver, por exemplo, produzindo canetas, camisetas, blocos de anotações, tudo isso é permitido.

Se tiver a intenção de entregar presentes (pequenas lembranças) à banca, aguarde para entregá-los depois da notícia da sua aprovação, que sairá após a sua arguição. Depois de avaliado e com a nota conferida, você poderá agraciar os seus avaliadores da maneira que desejar. Evite fazê-lo antes disso para não passar a impressão de que está tentando comprá-los, mesmo que não esteja.

O mesmo serve para o seu orientador. Entendo muito bem que a relação com o orientador é muito forte, e a vontade de presenteá-lo em sinal de agradecimento é grande. Se for o caso, também o faça somente após a sua avaliação, para não causar constrangimento - nem para você, nem para o seu orientador.

Cuidado com presentes "mico", como arranjos de flores muito grandes e difíceis de serem transportados. Evite exageros e desperdícios. Não há necessidade nem obrigatoriedade de nada disso, e você não será avaliado por isso. Os excessos podem até não ser bem-vistos, e uma apresentação primorosa pode acabar sendo prejudicada.

58 AMBIENTAÇÃO DA APRESENTAÇÃO

Quase todos os detalhes foram cuidados ao extremo. O trabalho foi entregue, a apresentação está pronta, tudo arrumado. É o momento de ambientar o local da sua apresentação de acordo com o seu tema, para dar o toque final.

Encare sua apresentação de TCC como uma palestra, um evento, e pense nos detalhes. Sem exageros, cuide das cores e das imagens compatíveis com o seu tema, que serão definidas e distribuídas pelo ambiente.

Desenvolva *banners* sobre o seu tema e coloque no palco e na entrada do auditório ou da sala onde fará sua apresentação. Se tiver um cliente-modelo, verifique se já não existem *banners* ou cartazes da empresa referentes ao seu tema que possam ser utilizados sem a necessidade de produzir outros materiais.

Cuide de todos os detalhes, como a cor das canetas, dos copos, flores (sem exagerar e com bom gosto) e até o tipo de água que servirá, para que sejam adequados a seu tema - por exemplo, água em *squeeze* para assuntos relacionados a esporte, ou uma garrafa mais requintada para assuntos de negócios.

Procure produzir as pastas com os textos para a banca e qualquer outro material que seja colocado no palco de maneira que criem uma integração perfeita com seu tema. Essa identidade, além de ser importante para o momento da apresentação, passa a ideia de profissionalismo.

Se possuir objetos que mostrem o produto, ajudem nas suas explicações e possam ambientar o palco ou outras áreas do auditório, traga-os, desde que eles não apareçam mais do que você. Não se esqueça de que a ambientação é muito importante, mas os exageros devem ser sempre combatidos.

59 PREPARAÇÃO PRÉ-APRESENTAÇÃO: TREINO, TREINO, TREINO

De nada adiantará o bom desenvolvimento do trabalho e o estudo correto e completo, se não houver muito treino antes da apresentação. Se você treinar bastante e conhecer muito bem o material que preparou, vai se sentir muito mais tranquilo no momento de apresentá-lo e terá menos dificuldade.

Em primeiro lugar, prepare a apresentação segundo as dicas oferecidas neste livro. Depois, faça uma boa revisão, para verificar se não existem erros de digitação. Em seguida, faça uma terceira revisão, checando se não há informações em excesso. Procure reduzir ainda mais a quantidade de informações contida no seu visual. Lembre-se de que, nesse momento, menos é mais.

Após essas duas revisões, se o seu trabalho e a sua apresentação forem realizados em grupo, faça a divisão de forma que todos falem uma quantidade semelhante e cada um apresente a parte com a qual se sente mais confortável. Mas atenção! Todos devem conhecer a apresentação e o trabalho inteiros, pois, na hora do questionamento, ele pode ser direcionado a qualquer componente do grupo.

Feita a divisão, reúna o grupo e façam ao menos cinco treinamentos. Nos dois primeiros, interrompam e corrijam uns aos outros. Nos seguintes, mesmo que identifiquem erros, não interrompam e deixem a apresentação fluir até o final, para cronometrá-la. Façam as observações ao final.

Com apresentações em grupo, evite ficar interrompendo e complementando informações do colega. Isso pode causar desconforto aos outros integrantes e demonstrar falta de conhecimento. Em 99,9% dos casos, as interrupções são desnecessárias.

Se a sua apresentação for individual, treine com os amigos da mesma forma. Independentemente de o trabalho ser em grupo ou individual, TREINE, TREINE, TREINE!

60 A DICA FINAL: EMOÇÃO DO INÍCIO AO FIM

Chegamos à nossa dica final. Depois de todas as técnicas, teorias e regras vistas e estudadas, não podemos deixar de tratar de uma informação tão importante na construção do seu TCC.

Faça tudo com muito amor! A emoção, em qualquer trabalho, melhora a qualidade e acrescenta um elemento especial ao desenvolvimento do projeto, seja ele um TCC, seja um projeto de vida.

Escolha um tema que lhe dê vontade de fazer, que estimule o seu desenvolvimento pessoal e profissional. Desenvolva algo que traga mais curiosidade para sua vida. Nunca opte por um tema por obrigação, apenas porque precisa realizar o trabalho. Sempre haverá algo que lhe dará prazer e o estimulará a trabalhar com empenho e determinação.

Trabalhe no limite da sua vontade. Busque desafios e novidades. Ao longo do TCC, encontre assuntos novos e estimulantes para pesquisar e incluir, sempre acrescentando inovações ao seu tema.

Ao preparar sua apresentação, lembre-se da etapa importante que está concluindo, seja ela uma graduação, pós, mestrado ou doutorado. Coloque ali, na sua produção, toda a emoção possível naquele momento.

Procure sempre aprender, conhecer, estimular-se e colher a maior quantidade possível de informações do seu orientador e dos outros professores que estão à sua volta. Acredite, eles estarão sempre disponíveis para você.

Tenha muito orgulho do seu trabalho e do seu desempenho ao longo do processo. Procure e encontre o seu melhor. No final dessa trajetória, você se surpreenderá e conhecerá características suas que nem mesmo imaginava ter.

Sucesso e boa sorte sempre!

REFERÊNCIAS BIBLIOGRÁFICAS

ABNT – Associação Brasileira de Normas Técnicas. Disponível em: <www.abnt.org.br>. Acesso em: 16 mar. 2018.

COLLARO, Antonio Celso. *Produção gráfica – arte e técnica da mídia impressa*. São Paulo: Pearson Prentice Hall, 2007.

MATTAR NETO, José Augusto. *Metodologia científica na era da informática*. 3. ed. São Paulo: Saraiva, 2008.

PASOLD, Cesar Luiz. *Metodologia da comunicação nos trabalhos científicos*. São José (SC): Conceito Editorial, 2007.

Polito, Reinaldo. *Recursos audiovisuais nas apresentações de sucesso*. 6. ed. São Paulo: Saraiva, 2003.

Manuais de TCC e TGI consultados on-line:

FAAP. Disponível em: <www.faap.br/pdf/faculdades/administracao/manual%20TCC%20timbrado%202015.pdf>. Acesso em: 5 mar. 2018.

MACKENZIE. Disponível em: <www.google.com/url?hl=pt-BR&q=http://mackenzie.br/manual_tgi.html&source=gmail&ust=1520366894366000 &usg=AFQjCNFMbQpTbGe02MbcddZjGyUxwem0vw> Acesso em: 5 mar. 2018.

PUC. Disponível em: <www.pucsp.br/sites/default/files/download/graduacao/cursos/psicologia/manual_tcc_2016-2017.pdf>. Acesso em: 5 mar. 2018.

SENAC. Disponível em: <www3.sp.senac.br/hotsites/campus_santoamaro/cd/arquivos/biblioteca/guia_normatizacao.pdf>. Acesso em: 5 mar. 2018.

UFRJ. Disponível em: <www.nutes.ufrj.br/arquivos/manual-tcc.pdf>. Acesso em: 5 mar. 2018.

USP. Disponível em: <www.ee.usp.br/biblioteca/doc/Manual2017.pdf>. Acesso em: 5 mar. 2018.

SOBRE A AUTORA

RACHEL POLITO

Rachel é mestre em Comunicação e Práticas de Consumo, *master* em Tecnologia Educacional, pós-graduada em Marketing, possui especialização em planejamento estratégico e é *training instructor* com ênfase em *dealing with difficult learners*.

Há mais de vinte anos, desenvolve atividades como professora de oratória, ministrando treinamentos em português e inglês.

Atua como professora de Competência Verbo-gestual no Trabalho da Imagem Pública e Oratória nos cursos de pós-graduação em Gestão Corporativa, Marketing Político e Relações Públicas na ECA-USP.

É autora das obras *Superdicas para escrever uma redação nota 1.000 no Enem*, Benvirá; *I Superconsigli per una tesi di Laurea da 110 e Lode*, Taita Press; além de coautora de *29 minutos para falar bem em público e conversar com desenvoltura*, Editora Sextante, *Oratória para líderes religiosos*, Editora Planeta; e *Perspectivas teóricas em comunicação e consumo: continuando o debate*, ESPM.

Ao lado do Reinaldo Polito, é coordenadora da série "29 minutos", da Editora Sextante.

Ministra cursos de oratória no Instituto Reinaldo Polito, na Rua Mariano Procópio, 226, Vila Monumento, São Paulo - SP - Brasil - CEP 01548-020.

Tel.: + 55 (11) 2068-7595

www.polito.com.br

contatos@reinaldopolito.com.br